〔日〕山中吉郎兵衛　編著

青灣茗宴圖志

浙江人民美術出版社

圖書在版編目（CIP）數據

青灣茗宴圖志 / (日) 山中吉郎兵衛編著 ; 藝文類聚金石書畫館整理 . -- 杭州 : 浙江人民美術出版社 , 2019.10

ISBN 978-7-5340-7605-3

Ⅰ . ①青… Ⅱ . ①山… ②藝… Ⅲ . ①茶文化 – 日本 –明治時代 Ⅳ . ① TS971.21

中國版本圖書館 CIP 數據核字 (2019) 第 205471 號

青灣茗宴圖志

〔日〕山中吉郎兵衛　編著
藝文類聚金石書畫館　整理

責任編輯：霍西勝
責任校對：余雅汝
責任印製：陳柏榮

出版發行　浙江人民美術出版社
網　　址　杭州市體育場路 347 號
電　　話　0571-85176089
網　　址　http://mss.zjcb.com
經　　銷　全國各地新華書店
製　　版　浙江時代出版服務有限公司
印　　刷　杭州佳園彩色印刷有限公司
開　　本　787mm × 1092mm　1/16
字　　數　210 千字
印　　張　19.75
版　　次　2019 年 10 月第 1 版・第 1 次印刷
書　　號　ISBN 978-7-5340-7605-3
定　　價　88.00 圓

出版説明

《青灣茗宴圖志》，日人山中吉郎兵衛等編。所謂「茗宴」即茶會，青灣茗宴乃是明治八年（一八七五）山中吉郎兵衛等爲祭奠已故父親箺篁翁而在青灣所舉行的一場茶會。書前王道序中較爲詳細地述及當時境況：「甲戌之冬，日本大坂箺篁堂主人追薦先考，以資冥福。爰集文人高士，大會於澱江之青灣。是日風和晴朗，群賢畢至，瀹茗清談，各攜所藏古今名畫法書、吉金樂石，縱觀評賞，揮豪題詠。少焉張筵奏樂，舉酒行觴，絲管互陳，觥籌交錯，賓主盡歡，竟日無倦。雖時值冬令，名花退藏，而蒼松翠竹，清氣襲人，殊勝花光妍媚也。」

這次茶會在明治時期諸多茶會中是頗具代表性的，富田升在《近代日本的中國藝術品流轉與鑒賞》中指出：「明治期出現了大型茶會（茗宴），會上設有十至數十個會場的茶宴。茶席上裝飾著各種各樣的煎茶用具，真可謂意趣橫生；茶席外還按主題分别設置了鑒賞用的展覽席。初期僅展覽一些書畫，漸漸地展覽内容擴展到了青銅器、陶瓷器、盆栽等。質量及數量上都不斷提高，鑒賞性顯著增强。」青灣茗宴正是這一時期茶會文化轉變的體現，此次茶會上所展示的文玩字畫皆極盡高雅宏富，所謂「海内好事者争攜其所藏貯赴之，法書名畫，漢銅宋磁，四方雲集」（長三洲《青灣茗宴圖志·小引》）；而詳細記録茶席和展覽席裝飾細節和展出用具的《青灣茗宴圖志》，也體現了明治時期的前二十年這一類茶會圖録出版的水準。

這次茶會之所以辦得如此成功、影響如此之大，與茶會主人山中吉郎兵衛的身份是分不開的。山中吉郎兵衛爲當時大阪著名的古董商，其父箺篁翁便長期從事文物古董交易，「翁山中氏，稱吉兵衛，大阪人。資性質直，不修邊幅。嗜酒，醉輒必談昔日之窮，嘗語余曰：『初吾貧而乏資本，一日乞借金於親族某，某不應，因憤然。』（中略）翁初爲裝潢工，後轉賣書畫骨董，爲業夜以嗣日，家計漸裕。其所蓄之書畫，無和漢，無古今，不問時之好否，無物而不具，無需而不名。於是乎天下之語書畫骨董者，日填噎其門矣」（寺西鼎《青灣茗宴圖志序》）。山中吉郎兵衛兄弟姊妹秉承父業，將其發揚光大。古董交易使山中家族積聚了大量財富，資力雄厚；復廣交豪客雅士，與當時古董收藏者多有交往，故而此次茶會可以將衆多高品質書畫、瓷器及青銅器匯聚一處。

值得一提的是，山中吉郎兵衛兄長招贅了一位女婿，即是後來聲名昭著的山中定次郎。二十世紀前半葉，以山中定次郎爲代表的山中商會，流竄於中國與歐美各國之間，參與了大量中國精品文物外流活動。其經手中國古董品種、數量、品質，是同時期其他文物倒賣者難以望其項背的。山中商會之所以能夠在衆多中國文物倒賣者脱穎而出，離不開其家族在書畫古董領域的深厚積澱。

《青灣茗宴圖志》所載包括「禪友」「雅友」及「碧雲」，凡十三席。每席先繪總場景，復以文字述其中各物，又擇要將古董器物詳細摹寫於後，并就其形制、銘文等做了記録。此外，書後還附有《展觀書畫録》及《追玩書畫録》，則爲山中氏所舉辦書畫展覽之圖録。總體來説，《青灣茗宴圖志》不僅可以作爲瞭解日本茶會文化、茶室佈置的重要文獻，也是了解物質文明的極佳資料。

《青灣茗宴圖志》初刊於明治八年（一八七五），即簮篁堂山中吉郎兵衛所自刊。後明治十四年（一八八一），又有東京長尾銀次郎刻本。此次據簮篁堂自刻本予以影印，以饗讀者。

目録

明治八年乙亥八月鐫

青灣茗醼圖誌

山中箺篁堂藏板

小引

浪華蒹葭堂主人以甲戌十
一月初八設茶讌于青灣之上
陳觀書畫古玩海內好事者
爭攜其所藏貯赴〻法也名

畫漢銅宋磁四方雲集會日排筵十餘席陳設盡極清雅之選其不能一时畢列者至明日復賞之主人惜其聚者復散遂命畫史分圖宴席列

器玩之名數與書畫之款題有
圖錄以刻之於是聚者得不
撒而觀玩賞可以永于世先是
青灣有茶會圖錄之舉好
事者多稱之是錄亦可謂風

（ 茗醼圖敍

雅後繼爰乞題言爲敍其事

如此

明治乙亥五月三洲居士書于東京

之韻華小樓

瀫江雅集圖序

甲戌之冬日本大坂蒹葭堂主人追薦先考以資冥福爰集文人高士大會于瀫江之青灣是日風和晴朗羣賢畢至瀹茗清談各携所藏

古今名書法畫吉金樂石縱觀評賞揮毫題詠步為張筵奏樂舉酒行觴絲管互陳觥籌交錯賓主盡歡竟日興倦雖時值冬令名花退藏而蒼松翠竹清

氣襲人殊勝花光妍媚也夫雅會不常盛筵難再若山陰之蘭亭洛陽之西園皆有圖詠至今稱之主人爲繪圖以誌其勝瑞巖上人亦與於斯會者今秉上海語余

述及斯會之盛屬書其梗
概於簡端
大清光緒建元正月穀旦
海上澗鷗王道

坐酌泠泠水看
煎瑟瑟尘无由
持一碗寄与爱
茶人

余與方外瑞巖為友，因知日本春豐堂主人有玉川子之雅操，蓋高尚士也。甲戌冬十有二月

瑞岩由上海歸國書老白樂天詩二十字贈之以誌欣羨云

華亭胡公壽

六

盧陸遺風

甲戌仲冬月杪題

七二老人子祥張熊

子祥

叙

浩晓

青灣在浪華城北渡江之六淀淀水清甘宜茶既有名水之稱焉寬政十一月山中氏設莚於此地烹茶以祭先人之靈重畫一靈纏爲之供養各家亦爭來遊以助其舉

嘗有來賓之多殆三千輕
車與柔櫓之聲軋軋轔轔
於水陸間爭赴會云余頃遊
浪華偶訪山中氏乃悉嘗
日盛會之光景及見此圖誌
益羨筵席器物之多與中
於家稱名品者略視而知之

聽而雜之或信度所及雖
有偏離搔癢之歎豈無
雖不中不遠之者因聊題評
語以答主人兼欲示好事者不
勸世會者是亦好事之一癖欲
罷不能也 時乙亥一月卓齋閒人
并書於浪華客次

人唯憂不自立爲有自立乎尚何依人哉
而世乏其人吾於簑笠翁見之矣翁山中
氏稱吉兵衛大阪人資性質直不脩邊幅
嗜酒醉輒必談昔日之窮嘗語余曰初吾
貧而乏資本一日乞借金於親族某々不
應因憤往窃謂親族如此況於他人哉自
是欲立不倚人也其所操可以知矣翁初
爲裝潢工後轉賣書畫骨董爲業夜以繼
日家計漸稍其所蓄之書畫無和洋無古
今不問時之好否無物而不具世需而不
名於是乎天下之諸書畫骨董者日族嗟

丈門矣翁平生喜恤窮扶弱知則援貸
物以資其業以致今遽々者多至以明治
五年六月三日病歿享年六十七子三
人長吉兵衛嗣家次吉郎兵衛次女々
婿與七與吉郎兵衛皆分貲產別起家吉
郎兵衛繼書畫骨董業而今又三家協力
開一大鋪於高麗橋西命曰箺篁堂生業
日盛蓋亦以翁遺德存焉也銘曰
無言而蹊門不絕蹈天予非天在志與
爲販鬻日隆死留後福
寺西得撰并書

吉縣圖志

不識書友工拙幸得此靜

祇滿山味濃數度設

遠怪之曉隔濟風月

助洪茶

直入山樵田癡

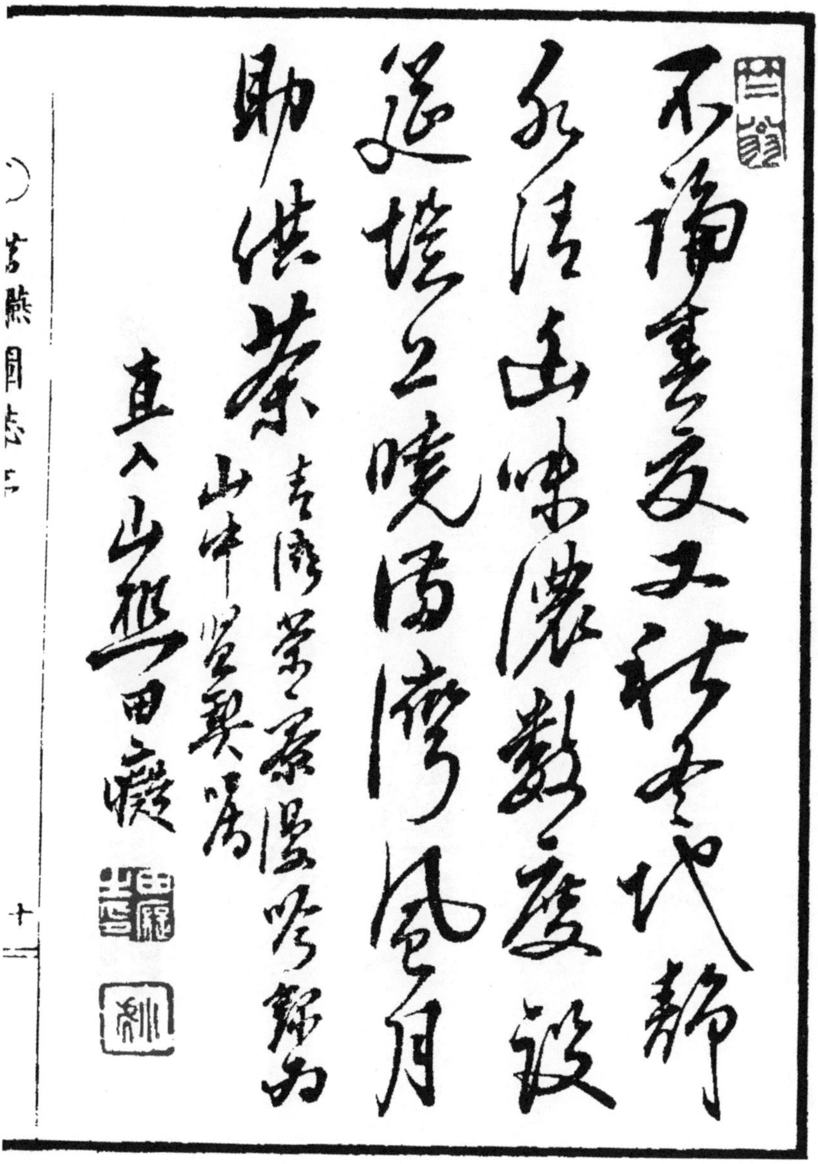

青灣茶寮主人寫併書
直人

山中生以本月八日開筵於
青湾之上於展書画設酒
茶以慰先之靈具追福之
志誰不感哉四方名士不吝
珍襲携卷軸麇至不期
而然余乃贈那智山瀑布
水及我縣所産佛手柑數顆
付那智舊遊長句一篇聊
助鋪敍耳
明治七年十一月也
紀伊 津田正臣

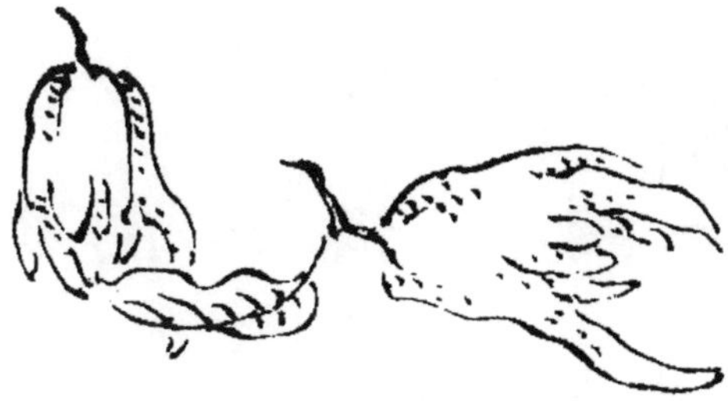

十二

（大會事務所）

山中吉兵衛

祭主　今吉良兵衛

今與七

藤井一游

幹事　木邨梅園

及總　西山彥堂

監者　八好藤橘

七名　鳥山遊步

山西平輔

鹿田松雲堂

第一席

禪友

箬篁堂

林下仙

第一席 勦字亭

會主 山中箺篁

補助 川口雲松

荒堀先春

飯田玉琴

松静堂治輔

以文堂舒瓶

與兵祥輔

安田鸞谿

萬年堂清瓶
山中 萬輔
蓬莱堂彌輔
井口 登山

文房品目

掛幅 黄道周松石孤鵲圖絹本立幅
款曰如此方成位置 石齋戲墨
香爐 青玉夔式有芝耳 檀坐 罔出於後
箸瓶 高麗窯白磁方式挿香具数品 檀坐
卓 黒漆長方矮几式 置爐瓶於此卓上

花餅　古銅卣　挿桃有卷實者一枝是昔年李梅溪所齎樹

如意　九頭靈芝

拂子　白毛黒漆柄

詩瓢　班紋古瓢　以上四品圖出於後

書畫巻　明清名家合作五軸

以上四品以素絹結束之置於架上

硯　青端石

墨　明墨　右二品圖出於後

水滴　紅玉桃實式

筆　竹管刻百福百壽者二枝

華架　小靈璧石　圖出於後

墨床　南蠻鐵嵌金雙龍鈎

鎮子　古銅鑑　圖出於後

詩箋　貝多羅葉

郁載盆　紫檀四邊刻胡蘆

几　朱漆脚間刻卍字

硯以下載在此几上

茶寮品目

匾額　黄蘗僧費隱ゝ元書合作

性月　性通觀自在看取月上時臨濟三

十一世徑山費隱容老僧乙未年書

炤徹三千界圓明不我欺黃蘗隱元敬續

并書

爐　古銅鼎　檀坐　圖出於後

花瓶　水晶匾壺式　檀坐　圖出於後

湯罐　白泥寶珠式俗曰保富良者

水注　白玉提梁方尊式　圖出於後

茶銚　梨皮泥呼空輸珠者

茶盞　白磁十個　清人王海鷗贈曾釆為追薦之具者金字以記其事

托子　紀錫梅卷式　王寧和造十個

巾筒　青蒼磁方式腹有阿弥陀佛四字

茶心壺　沈存周製純錫楕圓式一雙　圖出於後

茶　林下僊　先春園製

副茶壺　竹根卣式　檀坐

茶合　古竹刻雲鶴

滓盂　純錫六稜式彫蒼鳥

茗盒　斑紋竹長方式底背有大典禪師書

烏府　古竹籃　附牙柄黄銅火箸

帚　鸞尾玉柄

具列架　紫檀三層架有一局

茶具匵　佛手柑紋羅匵

菓器　青玉鉢一雙　盛梔子茶實藥〻三乾菓

几　紫檀刻雷紋

煙盒　紫檀　宣德銅小火爐在此中二個

火爐　海鼠磁壺一雙　以其色與海鼠相似俗呼曰海鼠後皆同之

帳　淺絳羅紋紗

席　青色苍羅紋綿鑺毹十幅

商史卣

高七寸一分深六寸二分口徑七寸三分濶五寸二分蓋高二寸口徑長五寸五分濶四寸兩耳有提梁

蓋器共有銘一字曰史與博古圖所載字畫長短相同通體純翠瑩潤硃斑間有土花斑蝕之痕定爲商器無疑

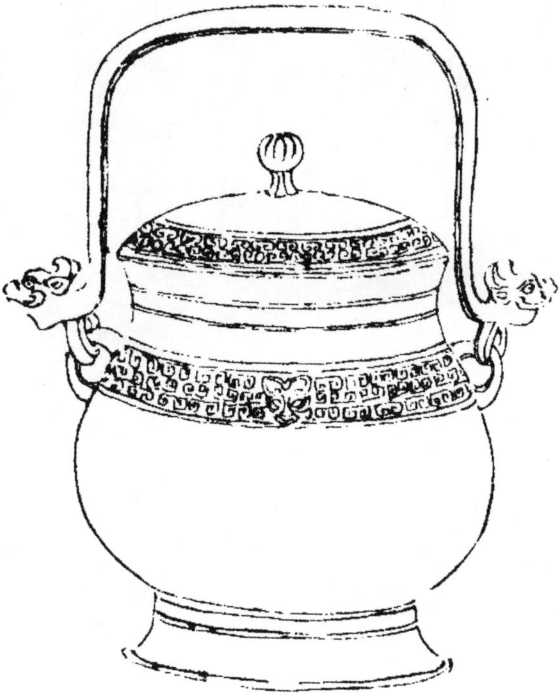

此瓢紅紋斑駁光怪陸離頗有
古色半截為雕合之體呼為
詩瓢恐然以黃金飾其口精
巧亦可愛某氏曾獲於清國
之蘇州別有王道胡公壽之
題辭

九頭芝極係靈草之最
靈者況色澤奇古真可
賞也聞曾為蒹葭堂所
藏

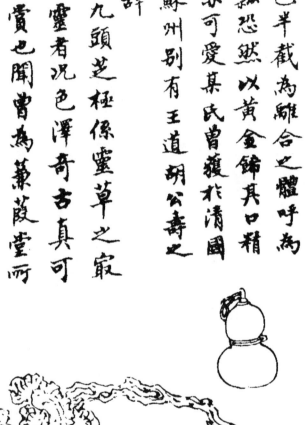

古銅鼎

有饕餮紋高五寸八分深三寸六分耳高一寸三分口徑五寸九分腹圍一尺八寸

銅色係傳世古紋極分明毫無粧飾痕其形與西清古鑑中所載周舉鼎大同小異

腹裏銘

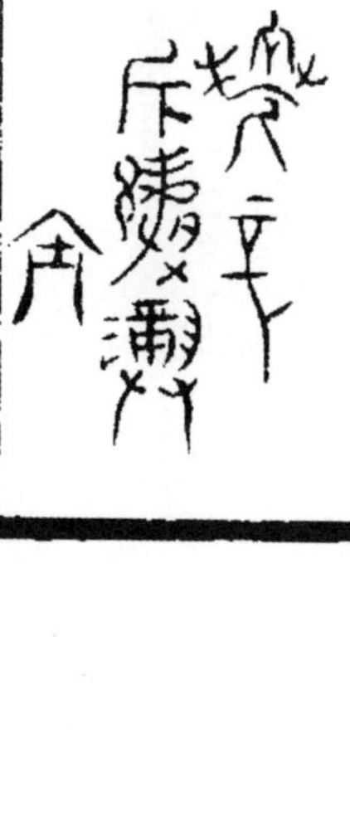

白玉提梁水注 高四寸五分方三寸八分 腹紋雙龍壽字

雪白玲瓏中見古玉之本色製工入細而風致有餘

水晶鉼 高八寸

氷清而玉潤係水晶之上品有獸耳其製頗巧

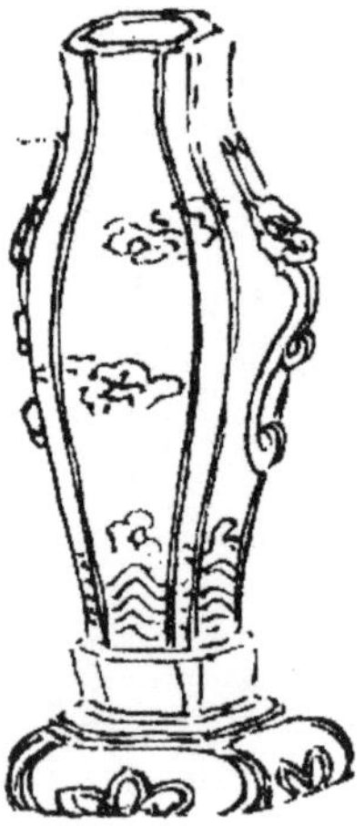

土古水銀色背面青綠如滴真
是漢代之物其大徑三寸一分
小鑑之可擬愛者
白毛拂子有錦袋即非題曰雙
桂一枚指麈自在別有書幅錄
其詩於左
令以傳衣并拂子付囑
郡山侯機關大居士麈下故宣此偈為證
授傳解脫福田衣津潤群生向代
機直把龜毛維歲月永教神宰
護猷徽　天明癸卯春黃蘗大成老人書

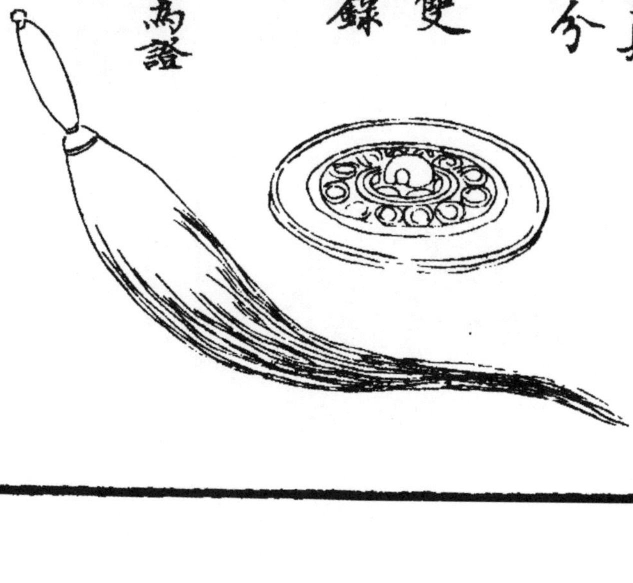

此硯質潤而色青出於端之水巖者刻銘
於兩腹

質比紫玉緻也惠溫含由滑用匠
磨礱燥 冬心銘洮河研 壽門
留樸館箋九硯 粟夫篆
憶齋先生作

右銘與冬心齋研銘錄所載同其文
則恐是流傳於我邦者經名家之賞
鑒洵可寶也

龍香
御墨 大明宣德年製

此字在裏面息心居士玩藏六字朱書於
表面龍圖右不試一磨奇薰撲鼻

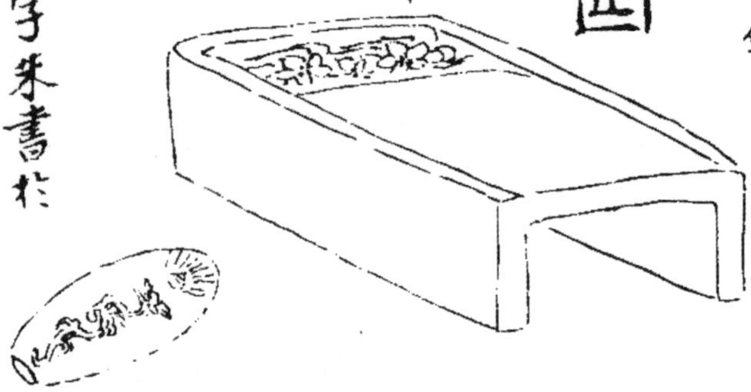

沉存周製椭圓式茶壺一雙　高通蓋二寸六分長一寸八分

二壺各有銘

蓋各有刻字一曰浪霞一曰揀芽

竹居

甃源色貢第一
春緗匳碾香供
玉食　黄庭堅句

辛丑九月製并書　存周　存周

竹居

世間絶品人難
識閑對茶經憶
古人　陸希聲句

竹居主人製并書　存周

純錫有斑紋不但製之雅刻字無一刀之留滯名工之稱實不虛也

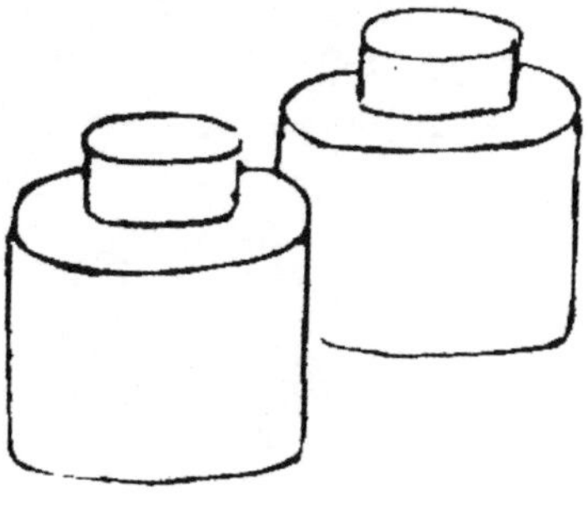

底印

竹居生作

十二

青玉薰爐 高三寸徑三寸五分

玉色甘青而鮮明透徹呼做青琅玕者彫琢精雅係奇玉之名罏

靈璧石 高八分徑二寸一分

質色如古鐵扣之鏗然有響其形類臥龍置之硯池傍殊覺奇玩

第二席

雅友

巖々洞

十一

玉馪

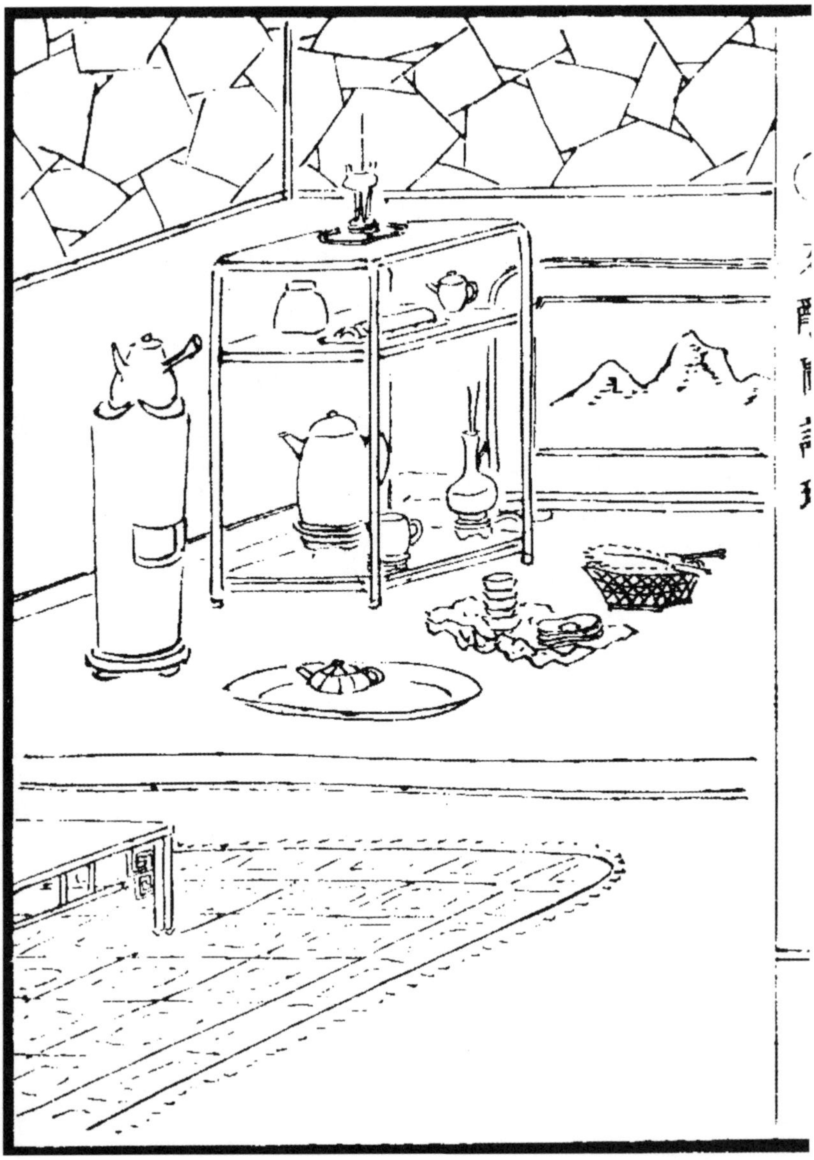

第二席　巽氏別業

茗主　巖々洞蘆江

補助　今藤竹風

十二軒球柳

松居九皋

文房品目

掛幅　元人梵竺僊草書紙本立幅

相逢之處蒼茸々　峭壁攢峯千萬重他日

期君何處好寒流石上一株松

香爐　白玉夔式

箸缾　烏木臺式插香具

卓　黄揚木根天然形爐瓶二品置於此上

花瓶　古銅獸首罍　檀坐插寒竹及松枝帶苔者　圖出於後

如意　天然樹似靈芝者

右二品載在紫檀矮几上

文匣　朱漆描金四方露蓋

書　題画詩類

硯　端石荷葉式　圖出於後

墨　方于魯獅子墨　圖出於後

筆　牙管一枝斑竹管二枝

筆架　白玉鈎

筆洗　古銅匜　檀坐

筆筒　朱黑漆二箇

硯山　古谷石　圖出於後

扇　江稼圃水墨山水

水滴　白玉盂式　挿長春一枝　圖出於後

菓籃　提梁式　盛几芝大橘枸杞子

以上十二品陳列於紫檀架上

茶室品目

涼爐　白泥三峯爐　烏木坐　圖出於後

湯罐　南蠻窯急須式

茶銚　紫泥梅花式

副茶銚　宋泥寶珠式　右二品圖出於後

茶碗　青華磁野牘之圖五個

托子　黃銅橢圓式五個

茗盌　純錫嵌金雲紋

副盌　天然樹根為舟形者

爐屏　大理石紫檀廓

水注　紫泥梨皮寶珠式

茶心壺　古錫四入方式　以上二品圖出於後

茶　玉韻　松下園製

副茶壺　粵東製青花磁

茶合　竹根刻松樹香

帛　七絲緗

巾筒　紅玉匣式　檀坐

箸瓶　雲銅壺式

香爐　青磁鼎式　方盆為坐

烏府　古藤籃　附銀箸

帚　鶴羽竹柄

炯盒　黃楊木　宣德小火爐

滓盂　南京青花磁

机　朱漆斑竹為雷紋

菓子盂　古錫嵌金花馬　盛卯鮮

副盂　古竹提梁式　附牙著盛茉莉花採々乾菓

席　蜀錦及青氍毹一幅

屏風　六曲貼金素屏

帳　花羅紋紗

爐罎　紅花羅罎

盆栽　白磁方盆植茉莉花

象首罍

高八寸四分深七寸一分口徑三寸六分腹徑六寸五分

銅色淡青淡朱相間為斑即是傳世之古器經數百年者

端研

質堅潤而紫色如浮全體為荷葉形墨池外別有沾筆處奇工可賞

方于魯墨

漆黑色麝薰甚多于魯墨小品之最佳者

古谷石

石之奇者以古谷為最況此石㝡奇三峰具體瀑泉懸於其間使米老見之其顛可知

白玉大爻壺式　高七寸深四寸口徑二寸五分腹徑三寸八分

此是白玉之極美者所貴於白玉固在此等之品然世不多見其式典雅而精巧入神

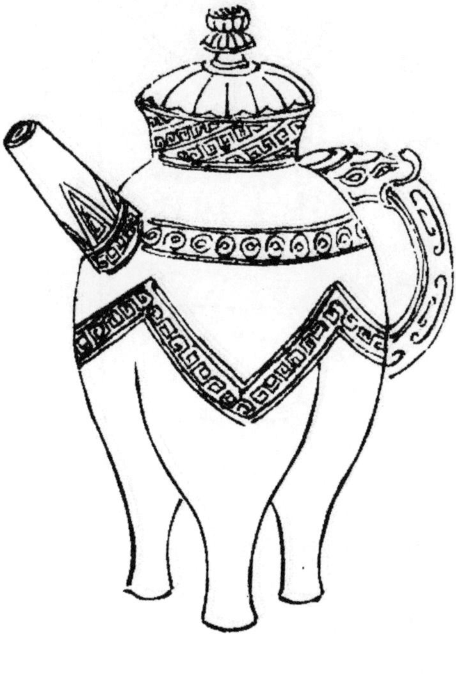

白泥三峰爐 高一尺口徑四寸風門方三寸

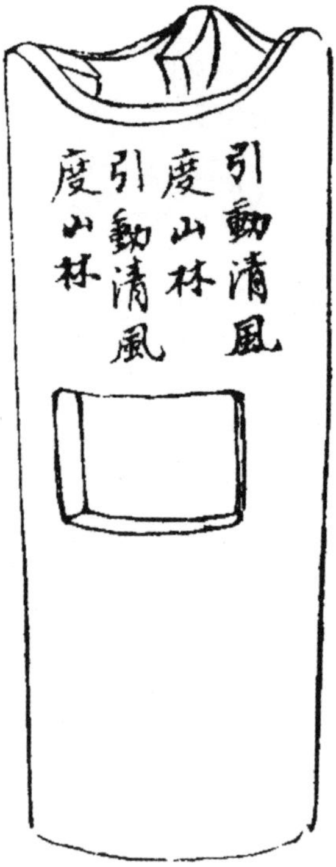

名工之所造有一種不可言之妙如此泥爐即是當日功成偶疊書詩句之間者其不拘所以為奇也

古紫泥黎皮梅花式茶銚

仝水注

二罌一有款一無款俱係名手之製其品有甲無乙唯有式之不同耳

底印

十九

古朱泥茶銚

精作有古色非出於

供春手則大彬之製

古錫四入方式茶心壺

鏽痕斑斑成紋久

埋土中者錫而見

土古色希代之奇

品也

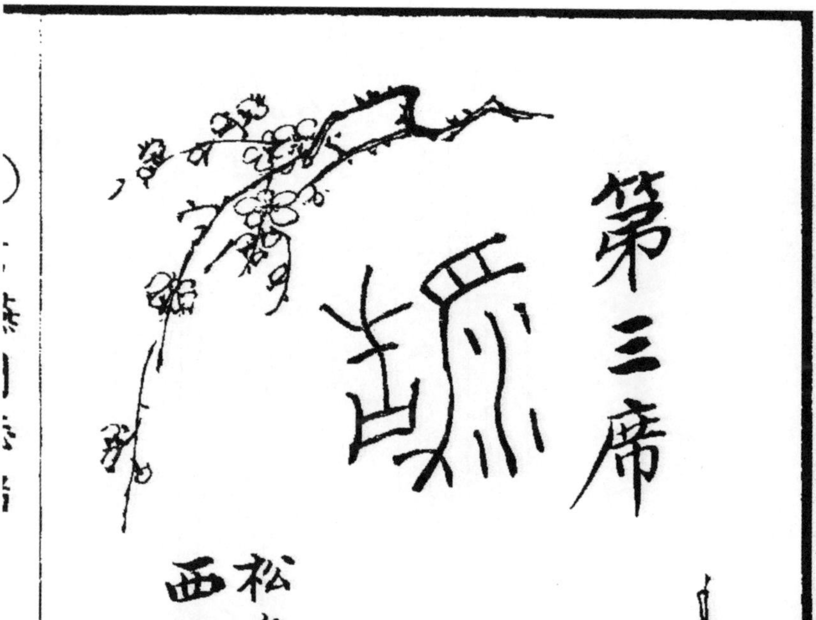
第三席
松島山田
西尾張橘
二十

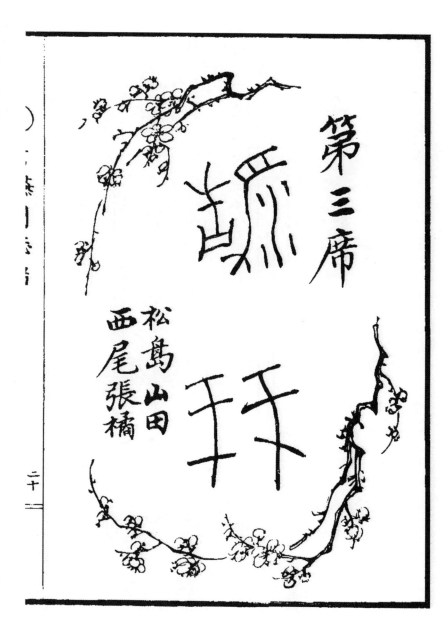

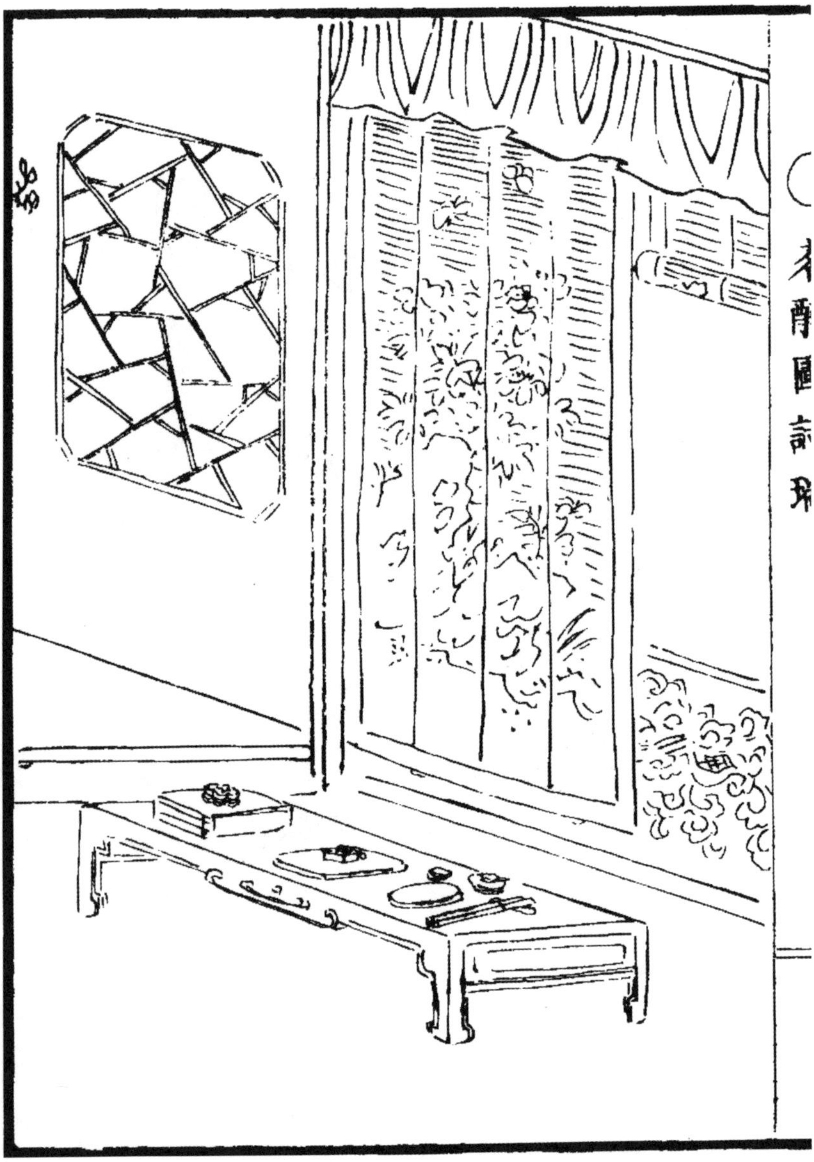

二十三

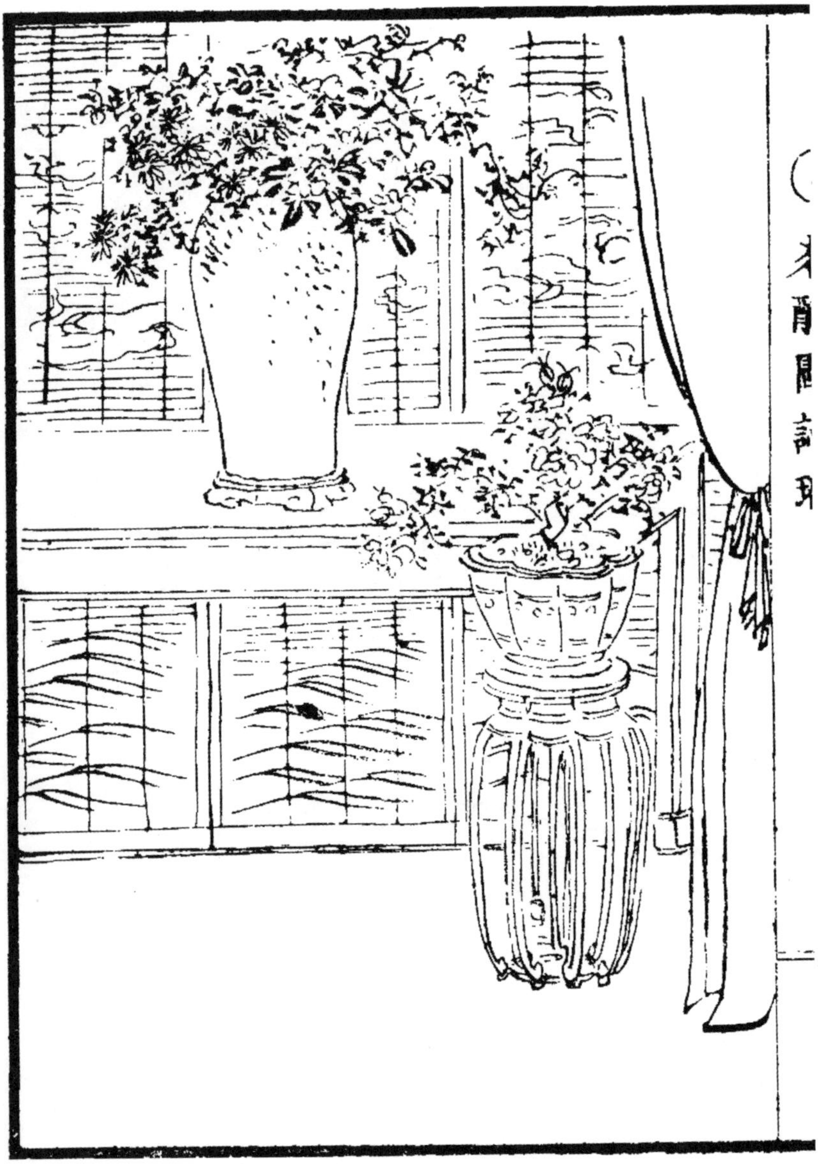

二十四

茅三席　白川氏別業

茗主　松島　山田

西尾　張橋

補助　中村　東山

山水園小雲

平井　雄輔

松島　松芳

文房品目

掛幅　明藍正春草書七律紙本立幅

帆落東風爲舊蹤蘇門嘯響倚杉松長江

鏡面秋磨淨雙峽蛾眉晚畫濃綉壁蘚苍
無鳥啄巡薝蘿葉有雲封移舟繫在禪宮
下來聽西遊一夜鐘　八十三叟正春

香爐　古銅鼎　檀坐　圖出於後

香筒　明代斑紋竹

筒坐　天然樹為佛子柑形者

卓　紫檀矮几　香爐以下三品置此上

菓籃　提梁式四方露藍塗松脂者　盛大橘柿子野凡錦瓜白茨枝

花瓶　白玉方壺式　插玉蘭寒紅梅　圖出於後

瓶卓　天然木為太湖石様者

二十五

硯　端石橢圖式　圖出於後

墨　程君房製

筆　牙管二枝

筆洗　金砂天然石　附珊瑚匙　圖出於後

鎮子　黄瑪瑙　圖出於後

墨床　白玉蟹

印章　水晶連環鈕　圖出於後

詩箋　山水卷烏箋

冊　明清名家合作書画一帖

机　紫檀脚間刻雷紋者鋪以亀甲紋青繍絹

硯以下皆置扵此上

文房副席品目

筆筒　天然樹

如意　朱靈芝

拂子　玉柄白毛

笛　明代蘆管

筆　紫檀大管筆一枝

卷　山陽春琴二先生寃道行圖記

箋　五色金砂箋

如意以下六品揷筆筒中

琴　黑漆七絃金徽玉軫　傍置玉柄帚

花餅　古銅方壺　揷牡丹水仙花及南天燭　圖出於後

茶席品目

涼爐　古銅方鼎　檀坐　圖出於後

湯罐　黃金瓶提梁式

爐屏　檀廓圓形有花鳥圖

茶心壺　純錫亞字式　羅錦成製

茶　花兒　山水園製

茶銚　紫泥矮瓶

茶盞　青花磁　金榜題名十個

茗盃　古銅盤　圖出於後

副茶銚　紫泥梨皮

托子　純錫棋花式十個

茶架　紫檀架扉面青玉

一枝瓶　紅玉柘榴式　插石竹花　圖出於後

石　藍溪石　圖出於後

茶合　古竹裏面刻瀑布外面刻葉蟲

烏府　古竹籃

滓盂　高麗窯白磁

巾筒　白玉木瓜式　檀坐

水注　南蠻銕提梁式

杌　紫檀矮几脚間彫雲

菓子盆　瑪瑙蛟龍臨潭形　圖出於後

匙　紅瑪瑙　附銀環

副菓器　白玉钀　圖出於後

幔　蘭紋絳繡絹一張

箔　繡纂花鳥水雲紋五枚

帳　青色七絲綃三枚

煙盆　黃楊木　附辰沙磁小火爐

外席品目

花瓶　海鼠磁素子式大壺　挿茶花野菊蔓茨

盆栽　青磁盆栽黃薔薇置於紫檀卓上

石　大湖石　檀坐

卓　紫檀大案

屏風　絳繡花馬紋纛面一雙

薰　五彩繡簾

席　紅羅紋氈一幅

幕　翠羅綃

火爐　青磁丸爐式

白玉環耳方壺式花瓶

高一尺二分深九寸口徑二寸八分腹徑六寸底刻隸書

乾隆年製四字

純白素紋其品最高精作之妙不俟論

五代氏藏

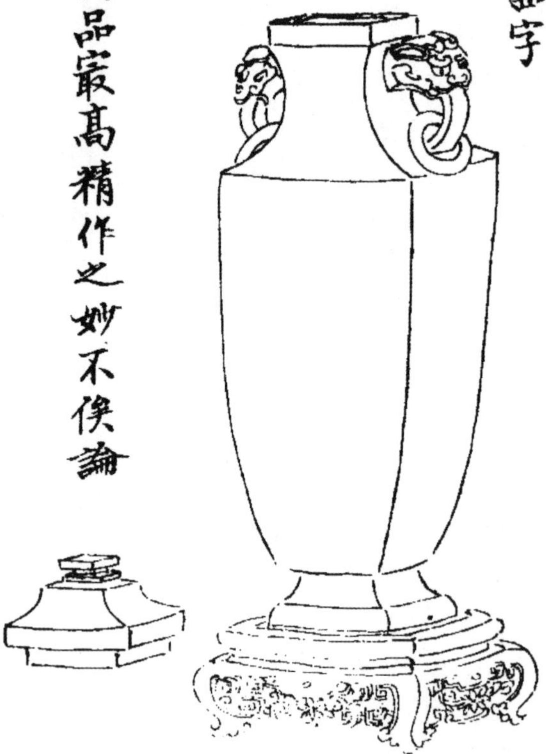

古銅鬲　高九寸四分耳高一寸八分濶一寸九分深四寸一分　口徑七寸五分

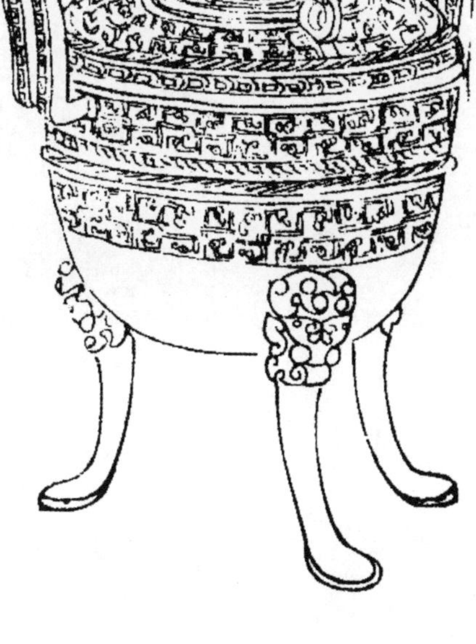

不唯古色之可貴鬲式殊形非尋常一樣之名器也

二十九

古銅方鼎 商亞虎父丁鼎式

高六寸四分

耳高一寸二分

口徑長五寸五

分闊四寸一分

腹徑長五寸

六分闊四寸

二分

是亦蒼然

見古色

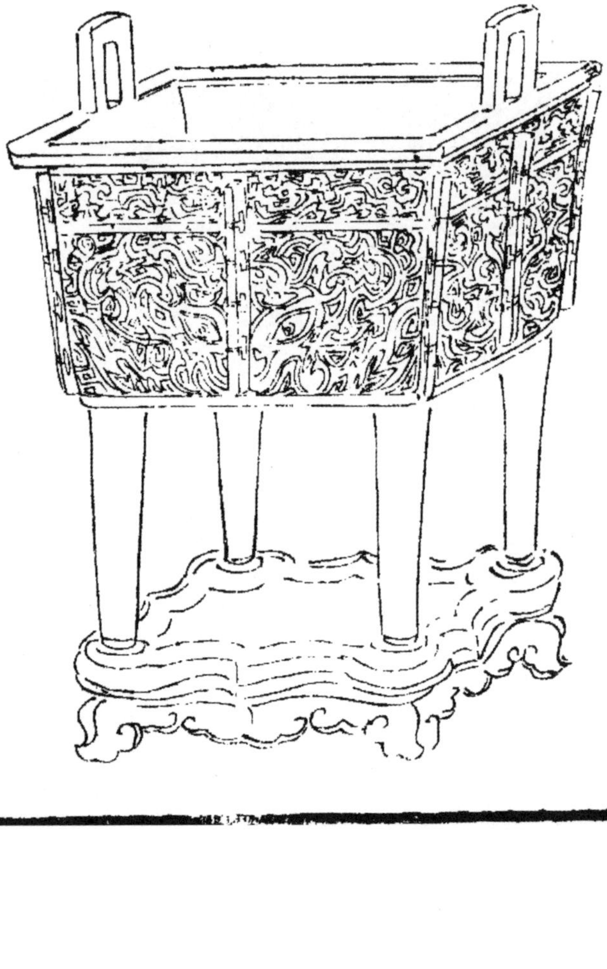

古銅方壺　高一尺五寸口徑六寸腹徑一尺五分底徑六寸

銅器之最美者隱然帶古色宛如君子人

三十

藍溪石

質似靈壁石其形奇奇怪怪可謂石丈之神仙

紅玉石榴式一枝瓶

以紅紋作花朶蝙蝠玉色之美在於此彫琢極盡其妙實是文房之寶

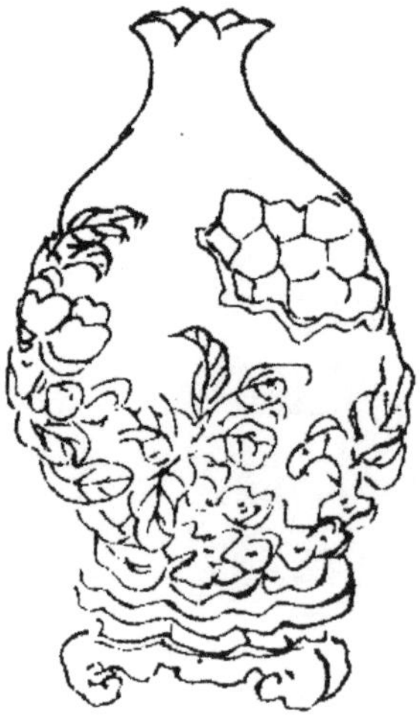

瑪瑙盛菓盂 有紫渦紋刻龍臨潭之形

奇工之奇一至於此豈

可不歎賞哉

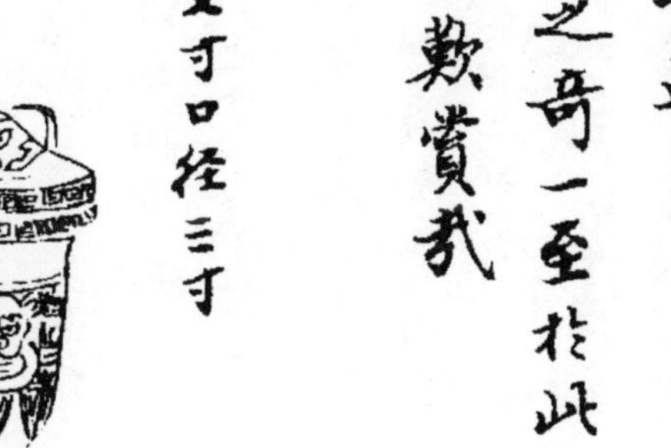

白玉鐓 高七寸口徑三寸

琢磨自

在白璧

無微瑕

茶銚

立二寸一分底徑二寸七分口徑二寸一分平蓋鈕三分蓋面并周腹有書

壬戌八月客吳門拙政園秋雨長林致有爽氣獨坐南軒望隔岸橫岡疊石峻嶒下臨清池磵路盤行上多高槐檉柳檜柏虯枝挺然迥出林表繞堤皆芙蓉紅翠相間俯視澄明游鱗可數使人悠悠有濠濮閒趣自南軒過艷雪亭渡紅橋而北有堤通小阜林木翳如池上為湛華樓占隔水迴廊相望此一園最勝地也

南田畫友蘭茶具拙政園題記
乙巳新秋石壺史臨

金沙天然石筆洗
造物者之奇工實堪驚

端溪紫石硯
石質清潤呵生水發墨
更佳其為端石固不容
疑墨池鸜鵒眼頗古雅

黄瑪瑙鎮子
有斑白有甘黄色分色則
梅花乞月質美而製巧

連環鈕水晶
鈕製出於巧不失雅未見如此晶印之可愛者

三十二

古銅盂

橢圓式長一尺二寸濶七寸深一寸三分耳長三寸面底有書有兩流之下各有銘

[illegible]

奇古之作出於冶工之游戲者耶將有其所由耶不必問唯為珍玩而可

第四席

韵友

畅春堂

玩古堂

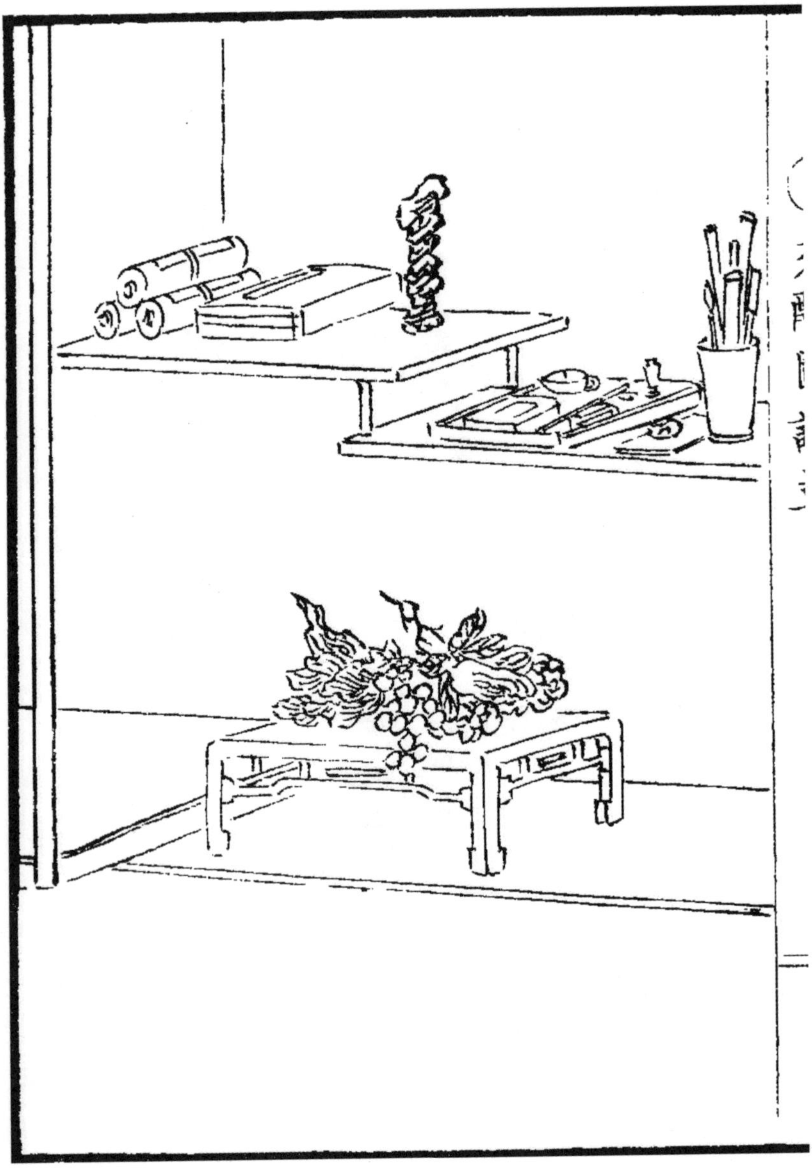

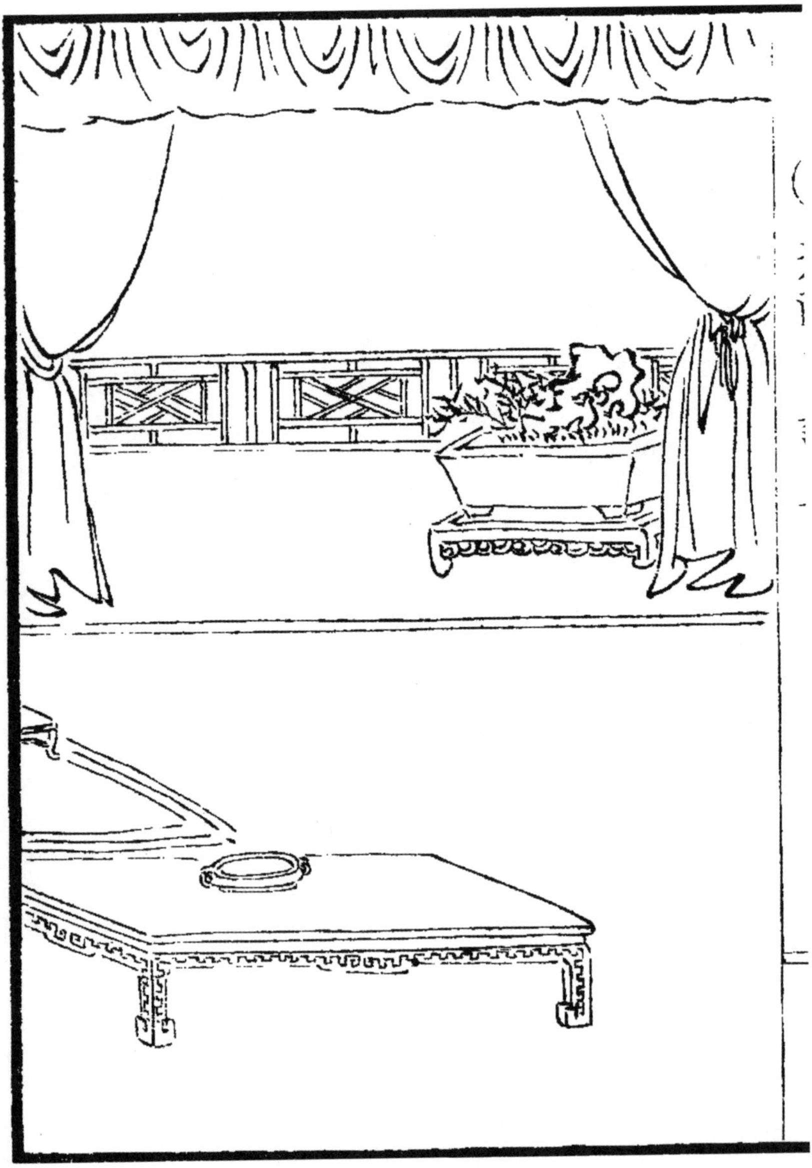

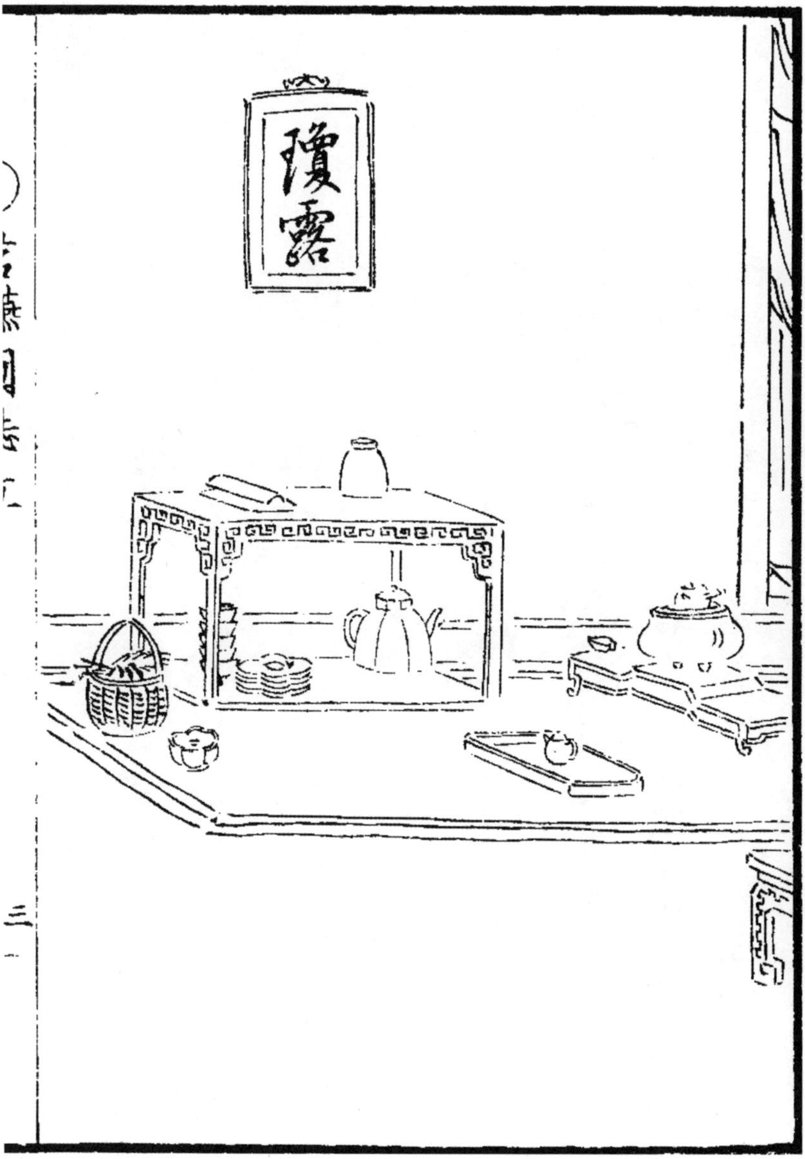
瓊露

第四席　白山氏別業

茗主　暢春堂植邨霞亭

玩古堂小西玉光

補助　款雪堂　遊方

二樂堂　有瀧

文玉堂　蟻堂

文房品目

掛幅　李復堂千歲如意圖絹本立幅

款曰悅翁老年學兄舉子彌月顧羣舍弟

囑寫嵩齡以賀時乾隆十三年晒書日也

旁李鮮

香爐　青梨皮泥爇式　檀坐

茗餅　紅玉匾壺式　挿荼蘼胡麻二茗　圖出於後

卓　紫檀長矮几置爐瓶二品於此上

琴　古銅七紋琴　金徽玉軫以七絲錦為琴纏　圖出於後

琴帚　玉柄犀鬚

琴床　紫檀長矮几

拂子　製紫竹為細絲如毛者

如意　雙頭靈芝　圖出於後

菓盆　黃楊木根天然為盆樣者　盛白葡萄菓佛手柑

卓　櫪矮几　菓盆在此上

書帙　張秋穀卷卉冊明清名家書画便面帖

卷　癭瓢子百雀圖卷伊孚九淺絳山水卷青
梅居士卷卉卷

硯　澄泥方池硯李璋記製

墨　適窩主人墨

墨床　水晶几式

水注　白玉壺式

筆　牙管二枝螺鈿管一枝

筆架　白玉靈芝鈎

筆筒　古竹刻松林彈琴圖
鎮子　紅玉子母獅
腕枕　古竹　刻白雲仙館圖
筆洗　翡翠玉蓮房式　圖出於後
扇　金箋侶松陸米法山水
硯山　靈璧石　檀坐　圖出於後
都載盌　紫檀長方平式

茶席品目

涼爐　南京窯白磁
湯罐　白泥保富良

鑪坐　檀廓石盤凸字式矮卓

茶銚　梨皮泥寶珠式　圖出於後

具列架　紫檀閣輪彫留紋者

水注　時大彬製紫泥六稜式　圖出於後

茶心壷　純錫有兩蓋者　圖出於後

茶合　古竹　刻葉圖

茗椀　南京窯白磁有茶字者　五個　圖出於後

托子　純錫木瓜式五個

巾筒　交趾窯白磁匜式

烏府　古竹籃底方式

机　紫檀長方式

菓子盂　青玉雙魚洗　圖出於後

茶　瓊露　西京在梅堂製

巾　七絲錦

席　黄絨一幅方丈餘

外席品目

盆栽　白磁長方盆栽寒竹置湖石載於黑檀几

上

鑪　青綿鑃鍮

帳　黄羅卷紋以銀鉤掛之

紅玉壺式花瓶

高六寸口徑八分五厘濶一寸四分頸徑一寸五分腹徑三寸二分底徑一寸

紅為珊瑚色白斑在其中彫牡丹花姿態艷然與玉質相為映發是玉之似美人者

純錫茶壺 高三寸腹徑三寸一分 蓋徑一寸九分底 徑二寸二分

周腹刻字

欲將雲液供

仙客且貯龍

團聽讀書

茗南去痰書於鴛湖之貯硯亭中時甲申冬十二月也

湖東某氏藏沈存周所造一壺與之同式而形稍小文字有異耳至作手之妙則無彼此之別也

裏蓋鈕

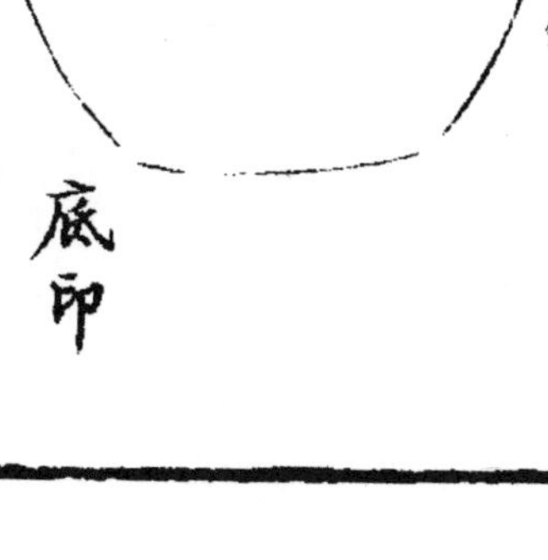

裏蓋背銘

底印

七

南京窯白磁茶碗 高一寸五分口徑二寸九分臺高二分 徑一寸一分

此碗醮壇祭神仙之罷
其製以齊整潔白為主
實係茗碗中之神品

內底

外底

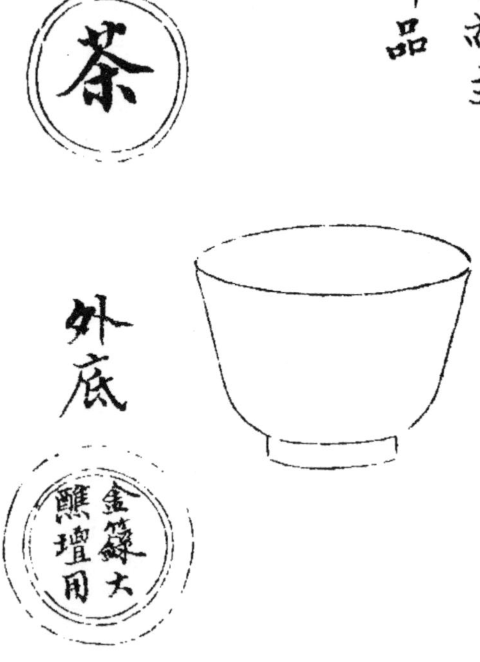

靈璧石

蒼潤如滴其形如層雲之出岫又似疊嶂巘之聳空不知靈璧之爲靈產如是奇石故也歟

雙頭芝 長

蓮有雙頭則人以爲瑞况靈芝之雙頭者乎把爲如意則指揮無不如意

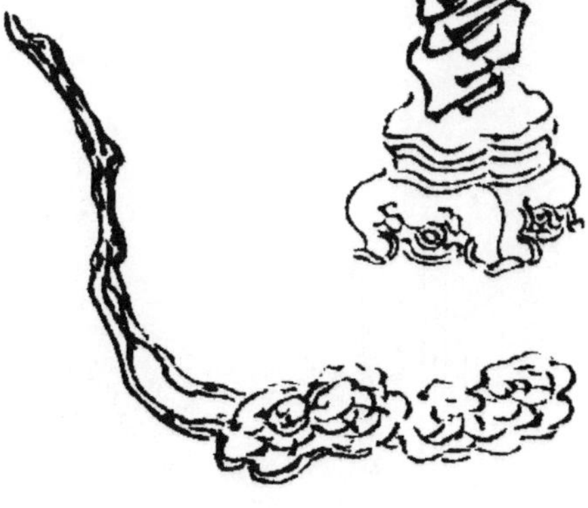

古銅七絃琴長三尺六寸五分濶五寸五分

銅色斑斑有青有綠朱紫交錯如彩霞之浮天半琴面滑澤無些剝落恐是古代秘府之名器裏底有銘陽文漢篆寶可謂希世之寶琴矣

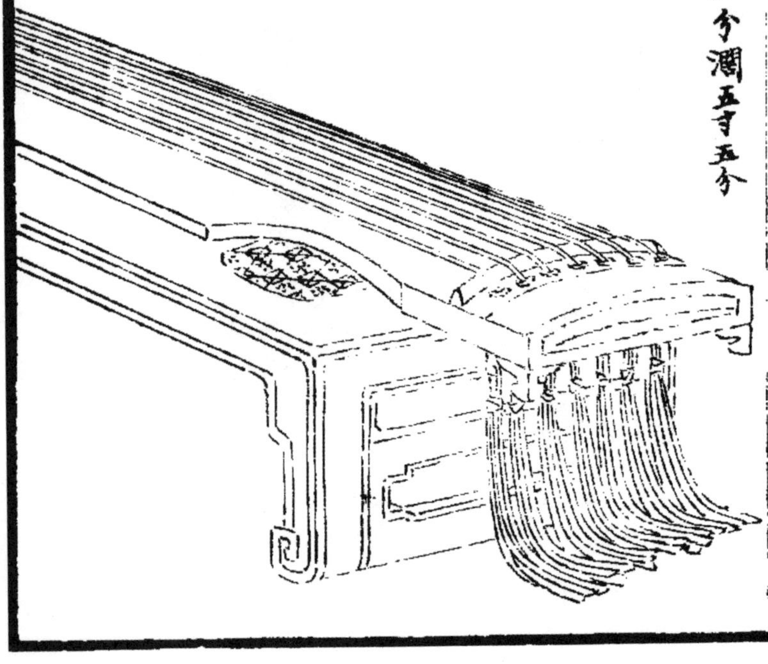

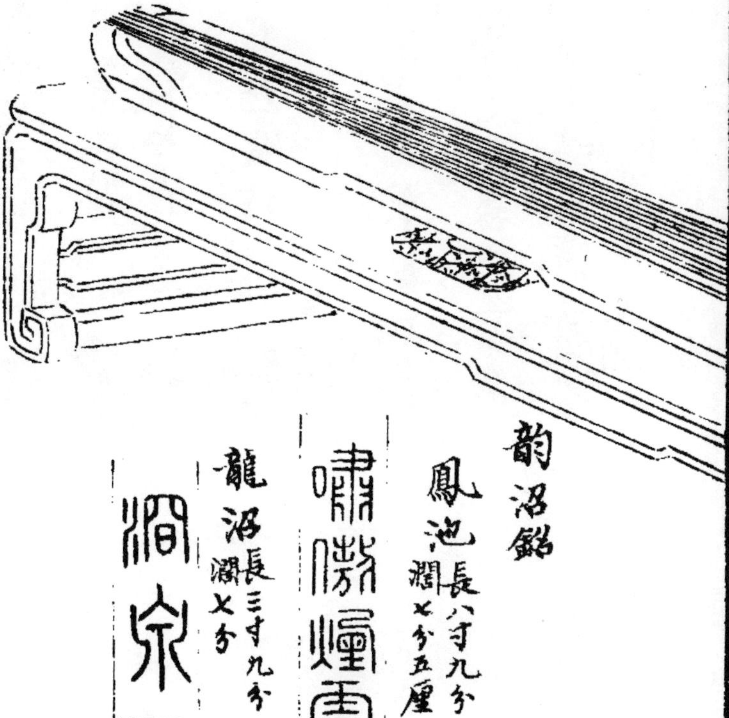

韻沼銘

鳳池長八寸九分濶七分五厘

嘯傲煙霞

龍沼長三寸九分濶七分

洞泉

九二

翡翠玉筆洗 長三寸濶二寸三分高一寸二分深一寸

有黃翠淡赭等之雜色分各色彫之為蓮房之形色其巧出於意外

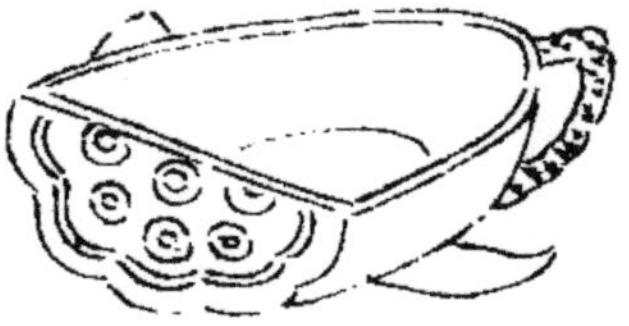

青玉雙魚洗 長七寸濶五寸高一寸五分

質最堅實是為古玉之上品倣漢代銅罷式造此洗玉人之心匠在雙魚中

古紫梨皮泥寶珠式茶銚

此茶銚俗呼空輪珠者賞鑒家頗珍之其名噪於天下別有一種不梨皮者製極粗與此茶銚齊其名云

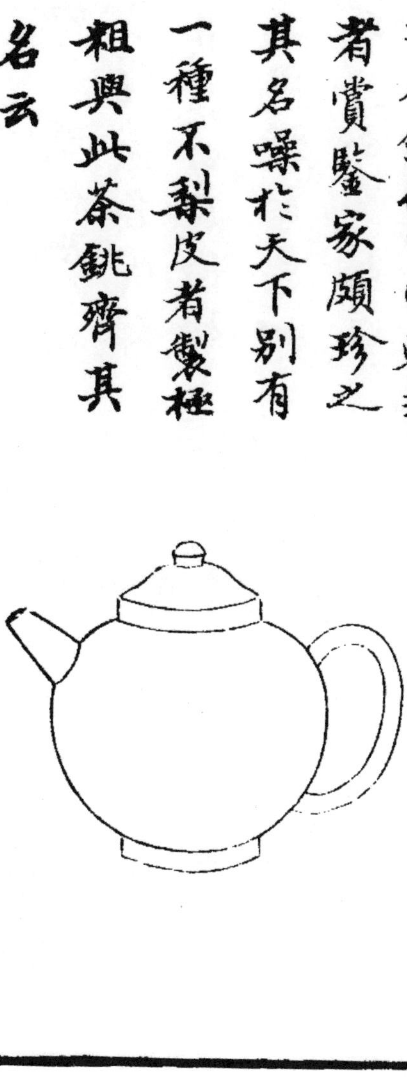

紫泥六稜式水注

高三寸八分口徑三寸二分
底徑三寸二分

大彬為明代陶工之第一陽羨名陶錄評其器曰不務妍媚而樸雅堅栗妙不可思今觀此泥壺知古人之不我欺

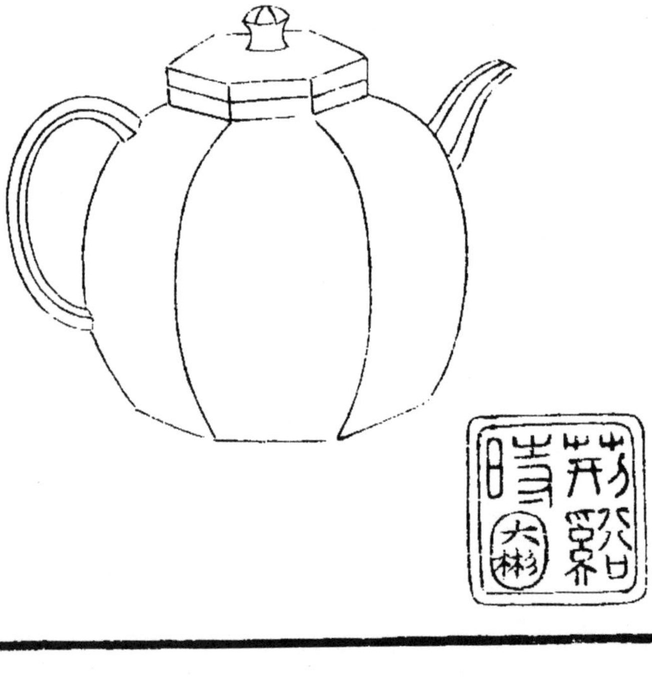

第五席
名友
野馬亭
翠竹堂

第五席　白山氏小室

茗主　野馬亭梅處

翠竹堂忠山

品目

掛幅　毛奇齡書小楷紙本立幅

香爐　夔式茶葉磁　磁俗呼青蕎麥者

茶碗　古竹提梁籃插寒牡丹及方竹

涼爐　白泥三峯爐　右二品圖出於後

湯罐　白泥保富良

水注　陳用卿製紫泥寶珠式　圖出於後

茶銚　紫泥急須式

茶心壺　林克瑞製純錫亞字式　圖出於後

茶碗　成化窯青花磁周子愛蓮圖五個

托子　集木盃五個

茶合　折紙竹田画山水

茶　鶴頂　先春園製

滓盂　純錫太鼓式

巾筒　祥瑞製四方式有歳寒三友圖

茗盃　純錫菊花式十個

菓器　白玉平盂　置於黑漆方盆

煙盆　斑樟木　附高麗窯白磁小火爐

帳　絖本陳快雪書七言二句

席　亀甲紋綿氍毺二幅方丈五尺

古竹提梁花籃

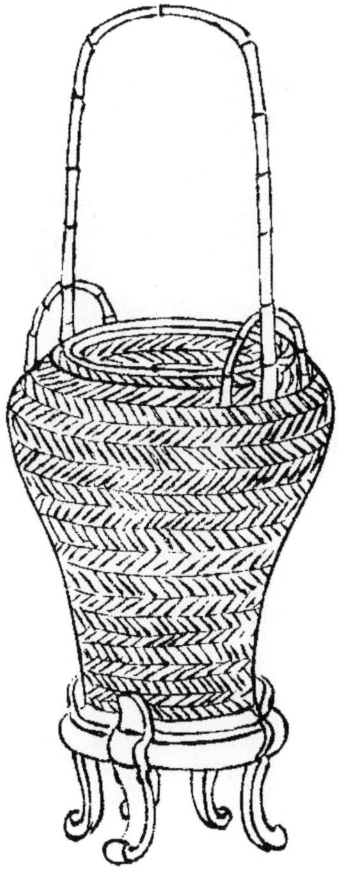

竹器固非銅玉器之比然製出名手帶古色者賞鑒或有勝銅玉之品如此籃即是

白泥三峰爐 高八寸五分徑四寸五分底徑三寸七分腰徑三寸

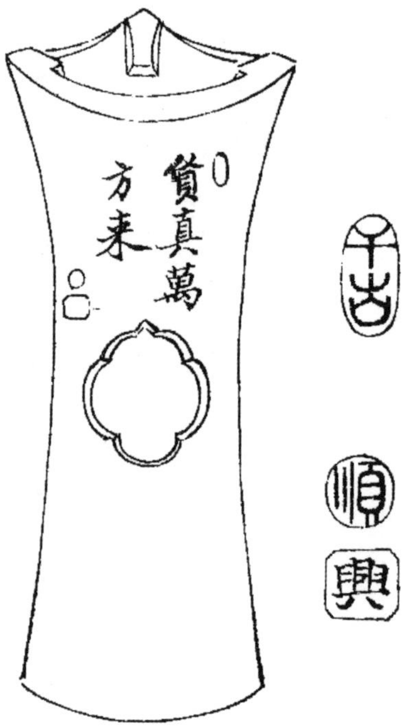

名工之所造韻人之所愛雖質非金石永傳不朽

陳用卿製紫泥水注

林克瑞製純錫茶心壺 高二寸四分徑一寸六分 腹徑一寸九分

三罐俱係賣茶翁遺愛夜月菴舊藏明代錫泥之罐皆於此名手者不多見也

底印

十五

第六席

姝友

田生堂

滴翠堂

十六

第六席　殊友

第六席　殊友

苐六席 白山氏别業

茗主 田生堂對松

滴水堂翠堂

補助 男 小翠

文房品目

掛幅 蒿徵奇題詩李因水墨牡丹絹本立幅

欵曰檻外山寒日影遲春風先到牡丹枝

墨卷爭似詞人艷不高還媿夢裏思

海上蒿徵奇識

菓籃 古竹提梁式 盛錦瓜匾豆芋慰

花瓶　白玉觚稜壺　檀坐　圖出於後

硯　端溪石

墨　程君房製雙魚墨

墨床　白玉几式

筆　琉球製龍鬚筆二枝

筆洗　紅玉螭龍盂　附白玉水匙

鎮子　青琅玕勾玉　圖出於後

机　斑竹長方式

拂子　氂毛

如意　古樹根為芝形者

茶席品目

涼爐　古銅敦　檀坐　圖出於後

湯罐　沈存周製純錫提梁式

水注　海鼠磁長瓶式

器局　提梁竹籃

茶心壼　純錫六稜式

茶　媚雨　先春園製

茶銚　紫泥三叉居製一雙

托子　純錫水仙花式五個

茶碗　白磁有大明成化年製字者五個

茶合　斑紋竹

茗盆　白銅梅花式

菓子盂　翡翠玉荷葉式

巾筒　青花磁方壷式

滓盂　辰砂磁

烏府　古籐籃提梁式

帚　鸞羽竹柄

帳　花紋羅

席　羅氈二幅

花瓶　古銅方壷　插古松長春花

桌　紫檀長方式　置茶瓶於此上

屏風　六曲屏一雙竺翁居士青灣圖

白玉觚稜壺式花瓶

此玉瓶以精作勝質之不純白何足惜却見古玉之本色

翡翠玉荷葉式菓子盂

玲瓏美有餘

翠玉之工品

青琅玕

我邦上古以勾玉為禮具而品質不一有與此玉同者最為世所貴重不知此形亦勾玉之一種也耶

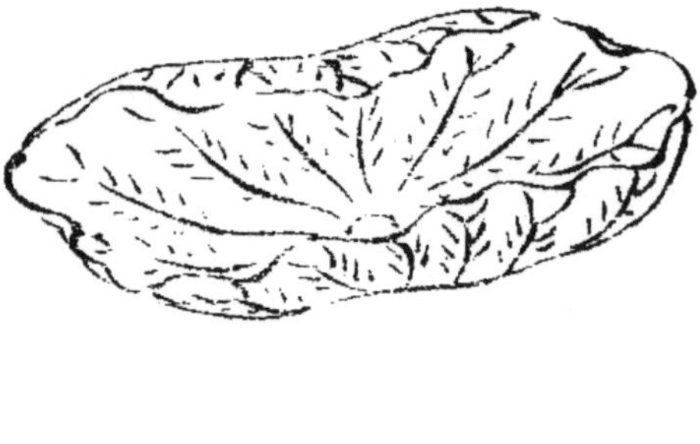

古銅敦

高五寸六分深四寸口徑六寸腹徑八寸

銅質頗含古
色品式亦典
雅可併賞

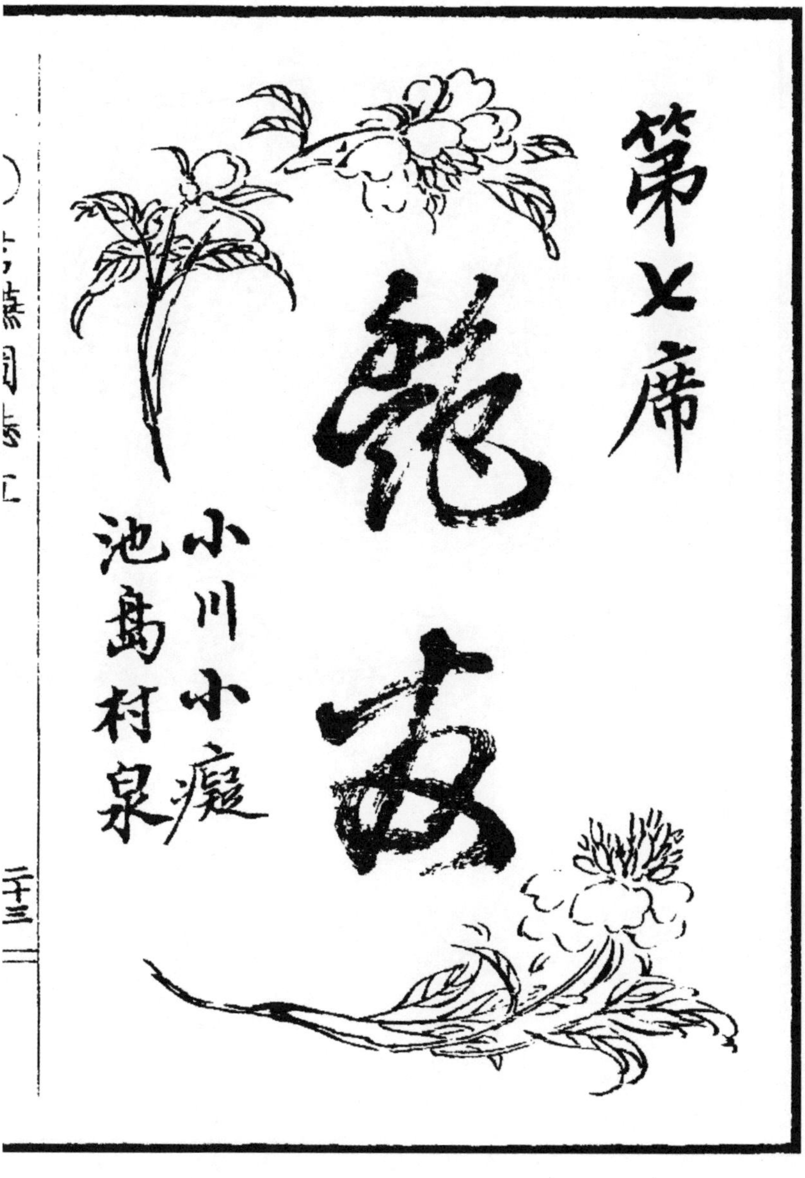
第七席
艷友
小川小癡
池島村泉
二十三

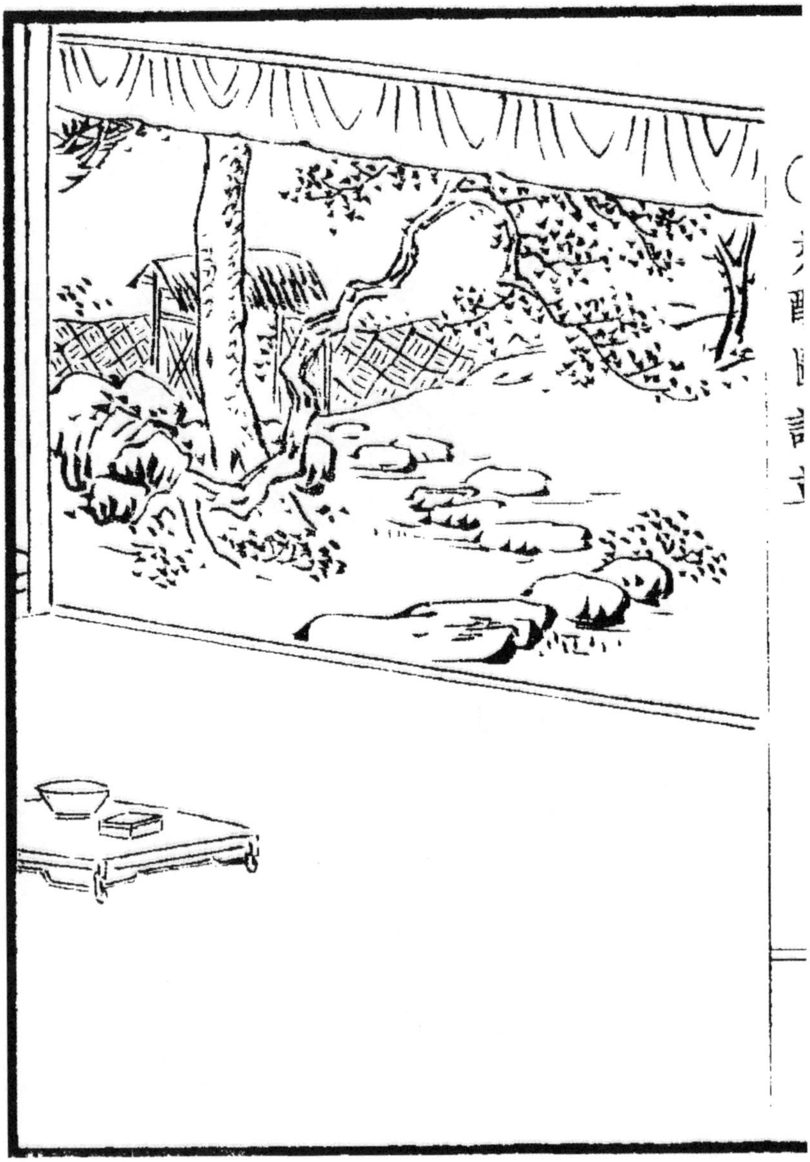

第七席　白山氏小室

茗主　小川小癡

池島村泉

補助　兒島茶山

佐野瑞巖

文房品目

掛幅　明王一鵬行書七絕紙本立幅

名園雨過早鶯啼春入遙山碧四圍風日

晴和人意好緩尋芳艸得歸遲　西山仙

史書

苍餅　古銅豆檀坐 挿鷄冠茨子置於矮几上圖出於後

香爐　高麗窯白磁彝式

香筒　象牙刻人物者

菓盒　天然木 盛石榴子數顆

硯　紅玉荷葉式

墨　萬曆年製鐘式墨

墨床　黃楊木几式

筆　斑紋竹管廣東製

筆洗　白玉缶苍彝

筆筒　紫檀方壺式

筆架　紅瑪瑙鈎

卷　姑蘇城記

扇　稼圃著色山水

鎮子　翡翠玉蝦蟇仙人

画冊　杭董浦大宗苍芇人物圖

盆栽　海鼠磁盆栽寒竹置湖石

茶席品目

涼爐　白泥三峯爐

湯鑵　白泥急須式

茶銚　紫泥宝珠式

副茶銚　梨皮泥宝珠式

茶碗　高麗窯白磁五個　圖出於後

托子　白銅磬式五個

茶心壷　沈存周製純錫橢圓式　圖出於後

副壷　純錫匾壷式

茗盌　斑紋樟荷苞式

茶合　白玉木蓮式　圖出於後

菓器　水晶方匣

副器　古磁赤繪盂

具列架　黒漆方架

水注　梨皮宝珠式

烏府　古竹籃方底式

帚　鶴羽古木柄

氊　青氍毹方一幅

古銅豆

傳世之最古者光澤如拭此等之銅器絶無而罕有者

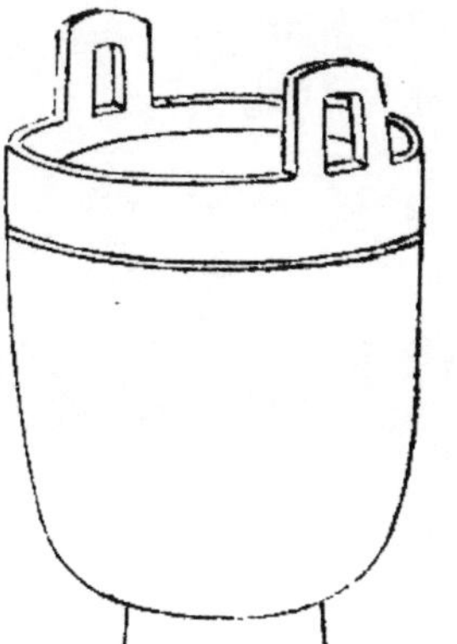

高麗白磁茶碗　高一寸四分徑二寸三分

白磁之有古色者以此碗為第一

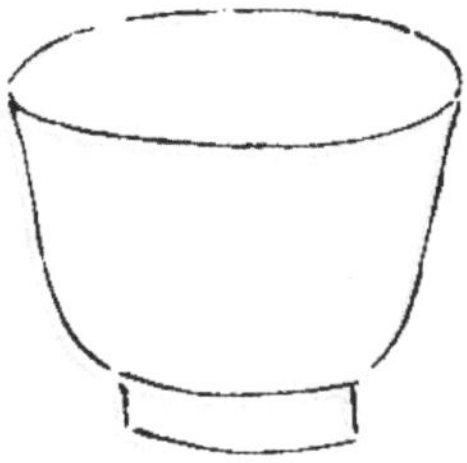

白玉木蓮式

質美而製不俗玉

罷中小品之逸品

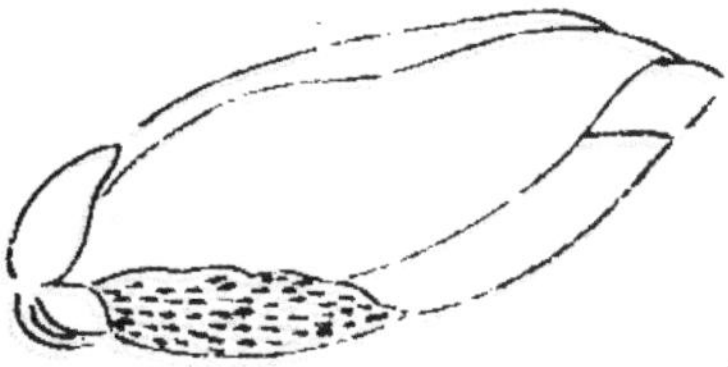

茶心壺純錫橢圓式 立一寸二分 濶二寸九分 徑二寸三分

銘 萬卷圖書千戶貴十洲煙景四時和 鷺雛敍并書 存周

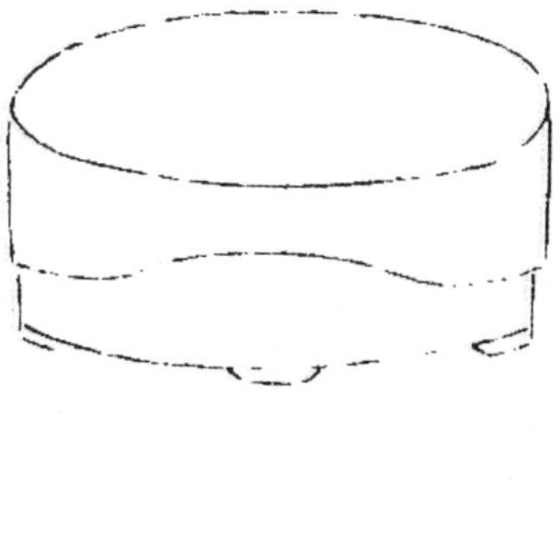

底印

冶工之善書者以存周為魁 此字咄咄逼漢隸

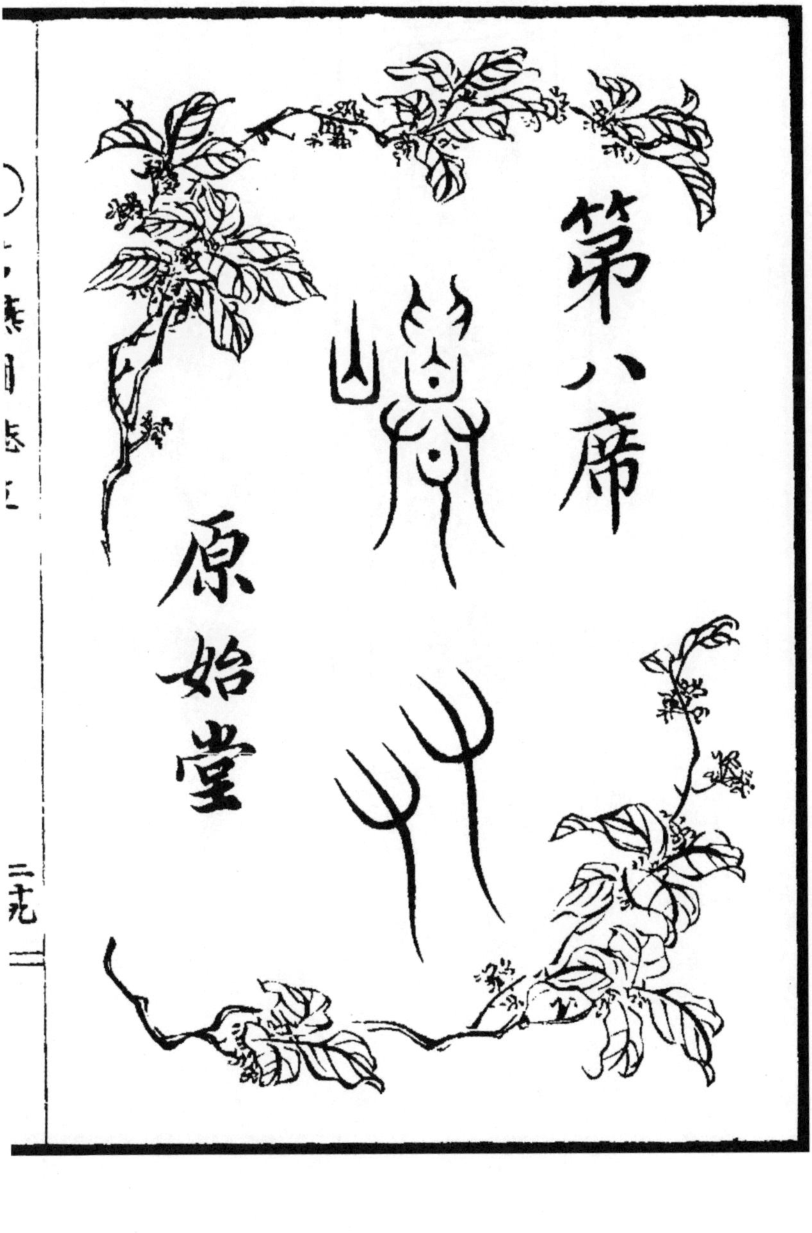
第八席
原始堂

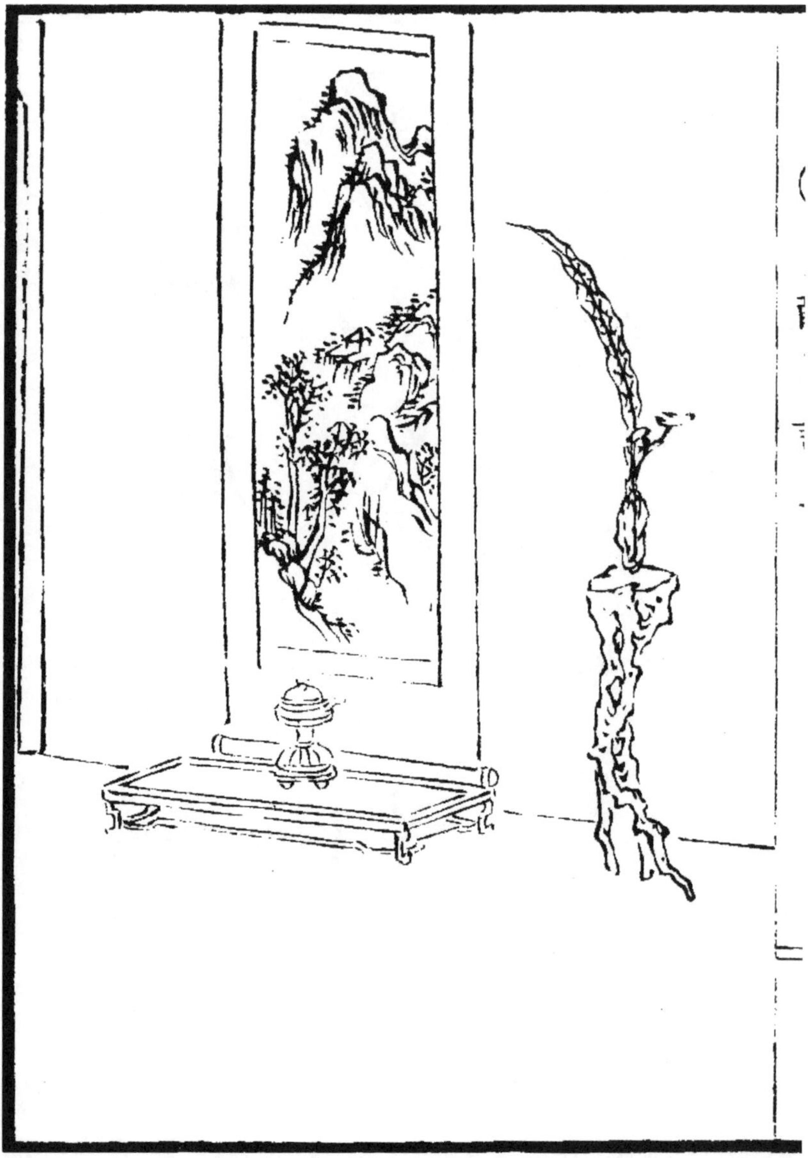

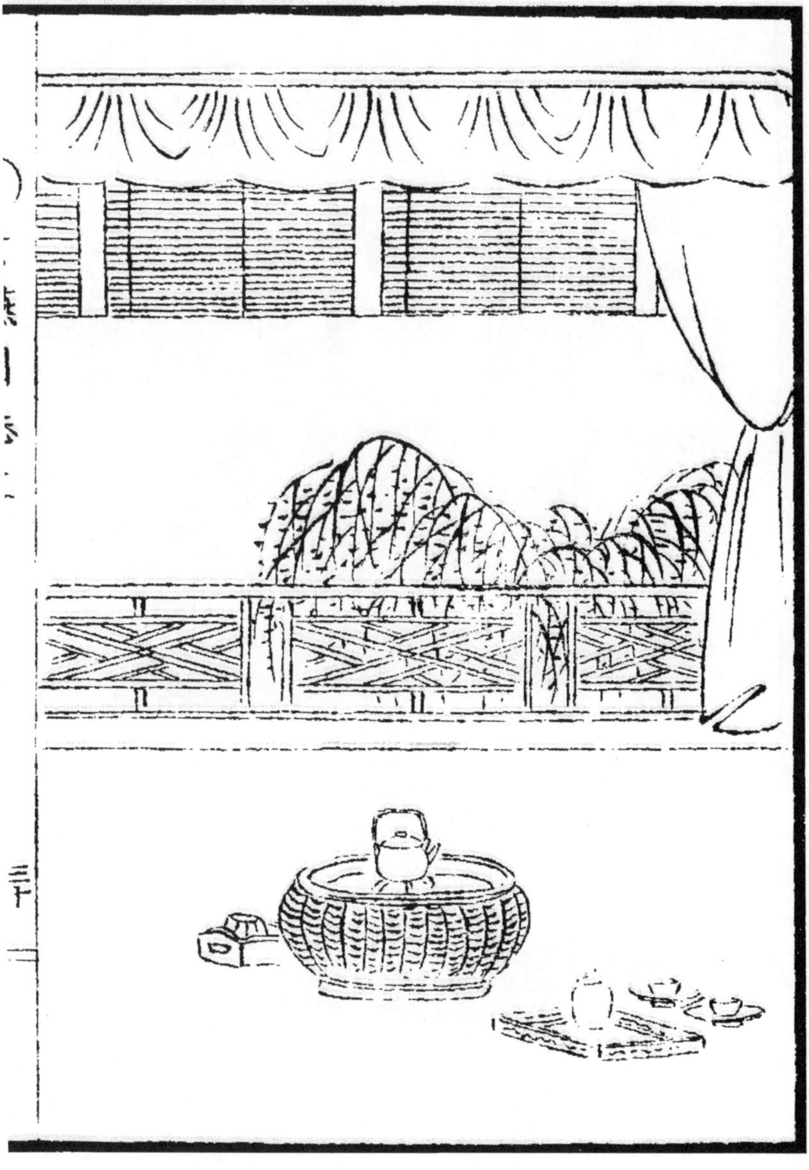

第八席　安田氏邸

茗主　京始堂九城

澤木　雨堂

補助　三木　勝業

小川　尚古

掛幅　伊孚九水墨山水紙本立幅

香爐　古銅豆　圖出於後

小瓶　白玉佛手柑形者挿鷰尾及天然樹似芝者

卓　天然樹　爐餅二品置於此上

高架　紫檀三層架

卷掛　古銅鏤斗插桂菊二花及麥穗　圖出於後

卷　送雲水墨山水卷

鎮子　水晶獅子

菓籃　古竹籃　盛蓮房三顆紫𫇭二隻

以上四品陳列於高架上

郁載盃　紫檀藻紋廓

書帙　清樂譜帖

文匣　金画皮箱　收月琴線及義甲

月琴　天華齋所造

提琴　清音齋所造

笛　鼈甲管明製者

洞簫　高麗窯白磁　以上四品図出於後

太鼓　集木匡彩色画明製者

席　萬曆年製青氍毹　有螭紋

帳　苍羅紋

小盌　竹鄺木面　置白磁茶碗及竹箸

都載盌　紫檀鄺斑樟面

壺　交趾窯青磁

酒瓶　烏泥宝珠式十個

杯　阿蘭新製磁馬上杯　迭雲画群鹿図

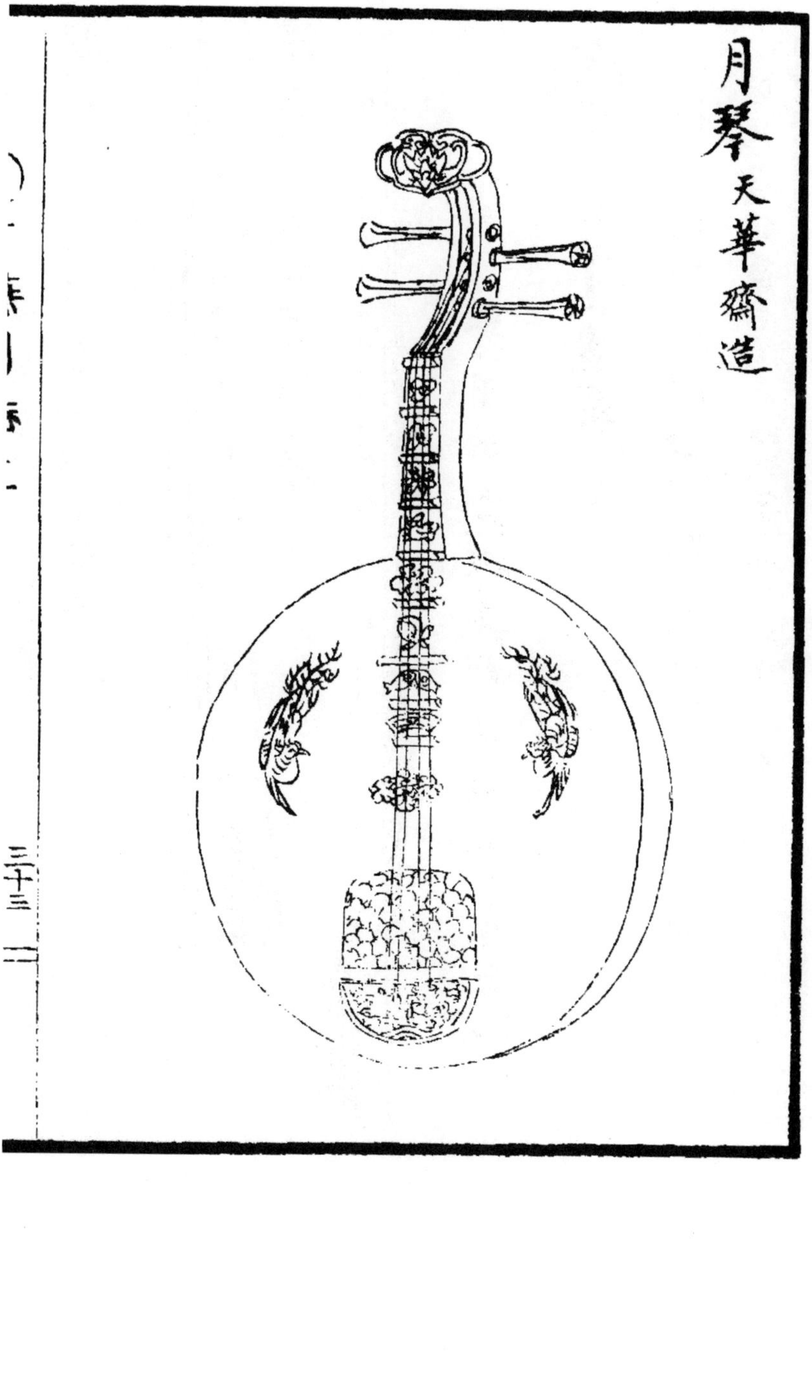
月琴
天華齋造
三十三

提琴

竹槽虵皮面清音齋造

清笛以鼈甲飾口金泥畫花鳥

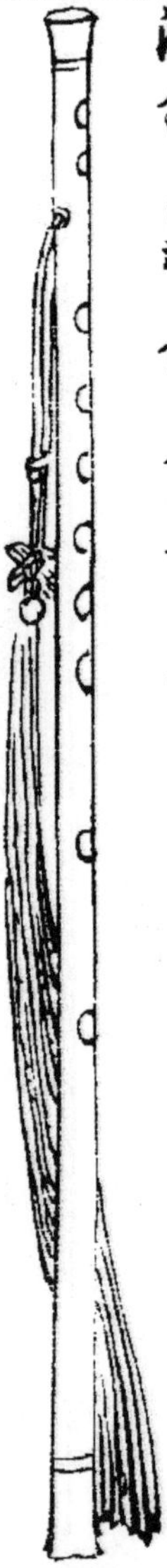

三琴一笛奇工之作其妙豈唯聲音而已

洞簫

白磁高麗窯

曾見玉笛銅簫未聞有磁洞簫及觀之驚其製之巧

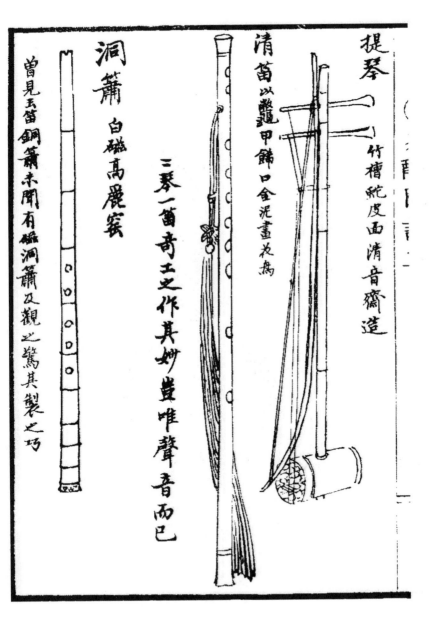

古銅鐎斗 高四寸五分深三寸三分口徑三寸二分 腹圍一尺五寸七分

鐎斗古以為溫器其形不一最為古銅器中之奇觀

豆式古小香爐 高六寸九分深四寸 口徑五寸七分

銅色之古製作之好此小爐兼之

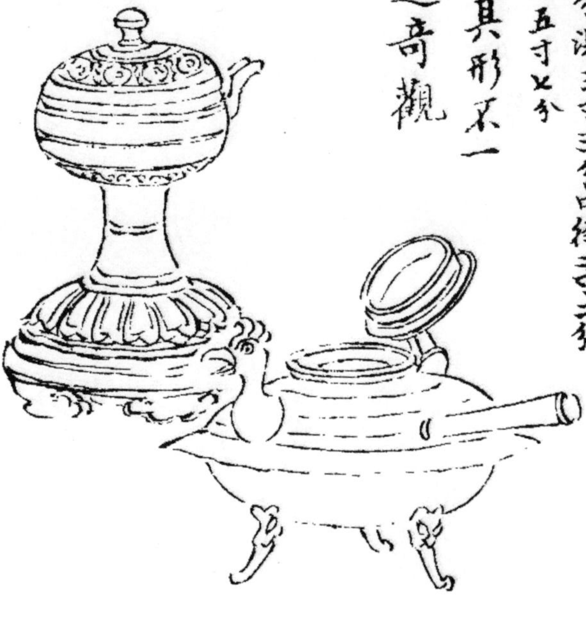

第九席

佳友

大鵞堂

成古堂

三十五

二十六

三十七

第九席　野田氏別業

茗主　大鷲堂大郎

成古堂川本

補助　乾　心齋

森　梅香

評古堂森田

諸川　如水

掛幅　張秋谷芝蘭圖紙本立幅

欵曰春蘭如美人不採羞自獻時聞風露

香蓬艾深不見丹青寫真色欲補離騷傳

愛之似暱均冠佩不敢壓

乾隆乙巳嘉平六月法趙松雪筆意用護

東坡句填空古抏金生湖上漁人張秋谷

香爐　翡翠玉彝式　檀坐

小瓶　高麗窯白磁方壺　檀坐插香具

卓　紫檀六脚高卓爐餅二品置於此卓上

花瓶　高麗窯白磁長瓶插黄白二菊花及山歸來

琴　黑漆七絃琴　右二品圖出於後

琴床　紫檀長方几脚間雲紋

石　太湖石　檀坐

卷　古琴傳末記黄檗悅山和尚書

菓器　天然樹根　盛支那産々蓮根白菜大檽水仙橙子五種

卓　紫檀面集竹矮几

屏風　六曲屏一双　沈德潛行書歸去来辞蘭亭記

帳　錦紋羅

席　綿氍毹方二幅

火爐　集木鼓匡二個

煙盒　斑樟木　辰沙磁小火爐

菓子盂　白玉盂

副菓盆　黑漆銀線方盒盛小菓餅

机　紫檀矮几

烏府　紫竹古籃方底式

帚　鶴羽黄楊柄

箸　純銀箸

滓盂　青梨皮泥鉢式

器局　古編竹以墨漆塗面有提梁

水注　紫泥陳用卿造

茶心壷　純錫沈存周製　右二品圖出於後

副壷　純錫亞字式俗呼板子張

涼爐　白堊二重風門爐　圖出於後

爐坐　檀廓石盤
爐屏　四曲紫竹亞字式
茶銚　三叉居紫泥一雙
茗碗　高麗窯白磁五個
托子　純錫棋花式五個
茶合　黃楊木梧葉式　圖出於後
茶巾　黃錦
巾筒　竹根刻葡萄
盆巾筒　高麗窯白磁
著瓶　紅玉方壺式

都載盒　純錫長方盒

茶　金苞　松下園製

副香爐　高麗白磁鬲式　檟坐

席　絳氈一幅方丈

幕　黃苍羅紗

琴金徽玉足

古吳僧竺庵所齎來唐高宗代之物云距今千有餘載毫無毀損其音清亮其製醇古蓋雷氏之斲

黃檗竺庵禪師手帖曰

此琴昔年檗檀越松江張氏所貽張氏今現任刑部尚書兼都察院之執一家出仕甚多南京省内第一大宦宅而

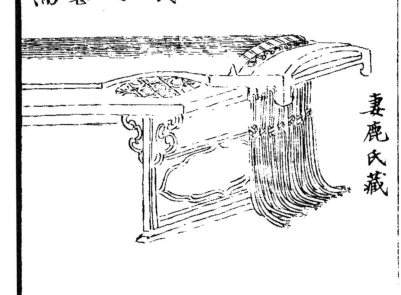

婁鹿氏藏

先師指松老人一生供養主老檀越也此琴相傳唐高宗代之物其斷文名之也蛇腹紋極難得者也琴式名仲尼式即孔子造之式様也

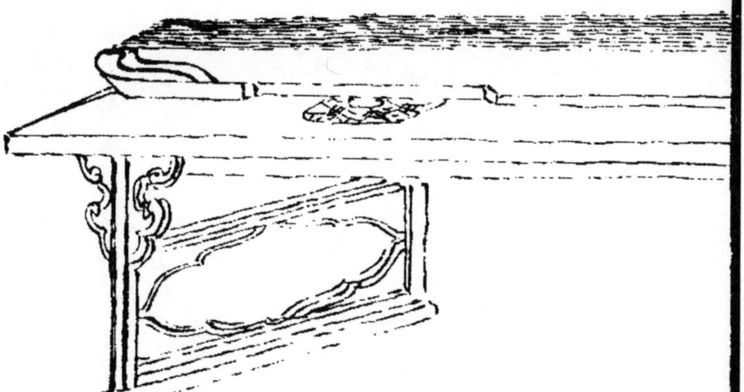

黃楊木茶合

背

面

刀法極巧

高麗白磁茶碗

高一寸六分口徑二寸三分

作手亦不凡
高麗磁碗之
可最賞者

烏泥水注　高三寸乂分口徑二寸八分底徑二寸九分腹徑四寸二分

泥之精製之巧即係用卿之本業

純錫茶心壺高二寸三分口徑八分底徑二寸六分

蓋面銘

晨葩

閩寶東
吳秀
茶稱瑞
草魁
李青蓮句
沈存周

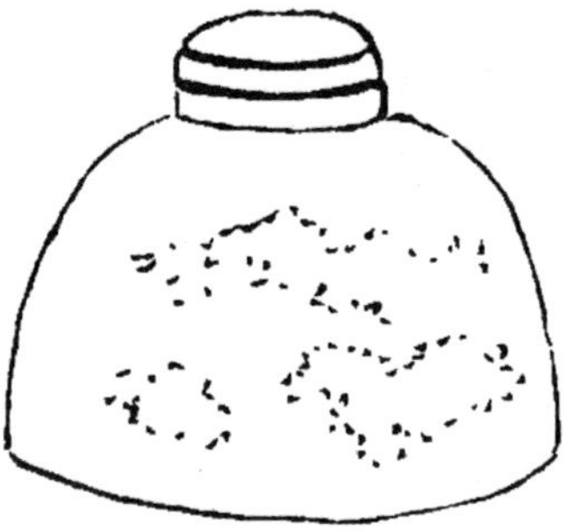

鏽痕自為斑紋冶造之異非
存周不能也

底印

高麗窯白磁花瓶

高一尺八寸口徑二寸三分腹徑四寸五分

出於人作而勝天造之美玉明窗淨几間不可無
如此花瓶只苦難獲耳

白埿涼爐

高九寸七分徑四寸七分底徑三寸八分有二重風門

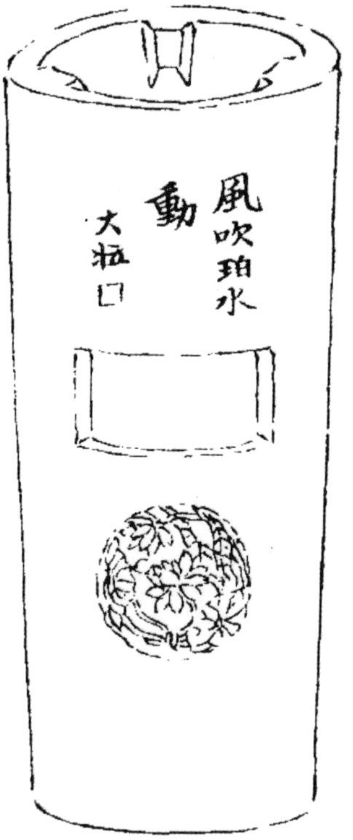

茗具中埿涼爐難得佳品故或銅罏以代之然多非本用如此泥爐則佳品而爲本用

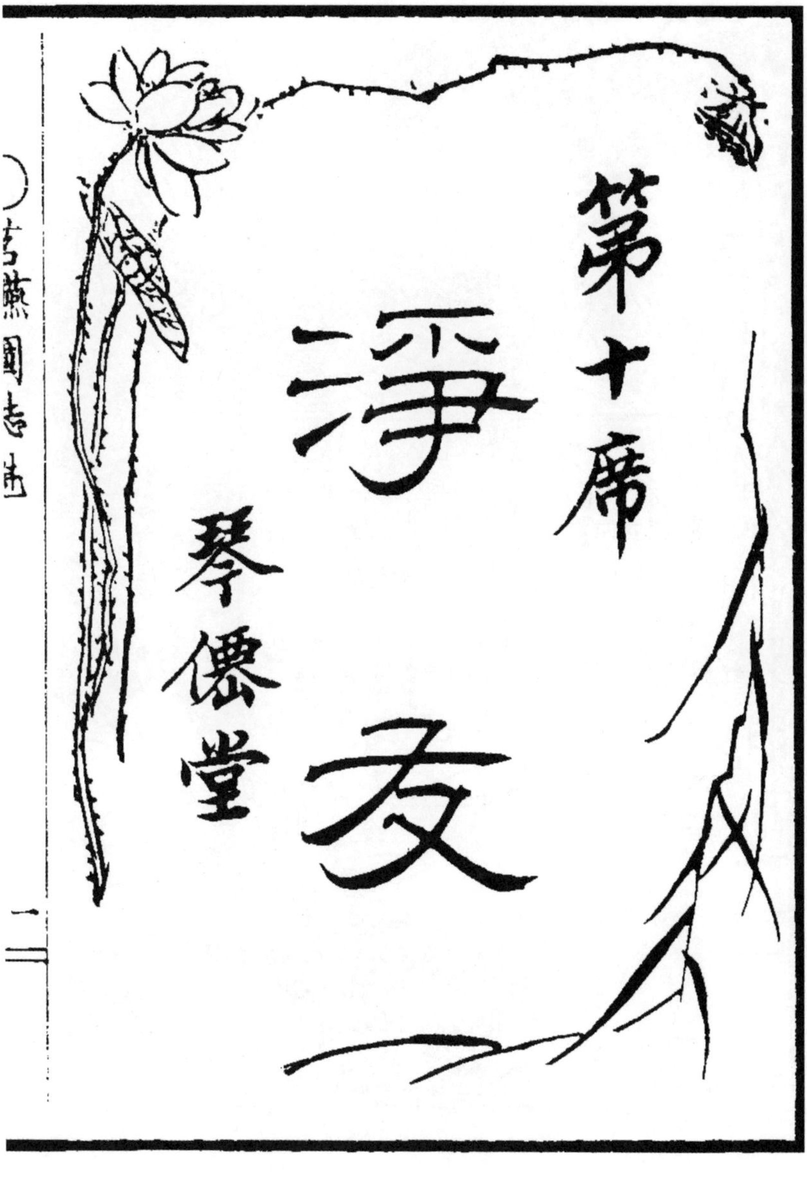
第十席
淨友
琴僊堂
吉燕圖志卷
一三

第十席　青灣茶寮

茗主　山田琴仙

補助　廣畑蘆水

亀井松琹

品目

掛匾　金扇面明瞿起田書七言古詩

香爐　瑪瑙夔式　檀坐　置於紫檀方盒

卓　紫檀高卓、載香爐於此上

花瓶　古銅卣挿枯木寒竹　圖出於後

石　太湖石

卓　紫檀長方高脚卓　圖出於後　花瓶湖石
俱置於此上

編鐘　漢代古銅　圖出於後

鐘簴　紫檀刻螭龍

器局　砂金漆六方架有提梁設抽局

案　黄楊木長矮几

琴　黑漆七絃琴有七綵絹囊

拂子　朱柄撥毛

團扇　白鶴羽玉柄

額　鄭板橋書七律

涼爐　白磁鬲

湯罐　白泥急須式

茶銚　紫泥寶珠式

茶碗　南京窯青花磁蓮花圖五個

盂　斑文竹長方式亚字廓

副茶銚　紫泥矮瓶

茶心壺　玉饕餮觶式

茶合　竹根蝦子形

巾筒　紅玉佛手柑式

水注　紫泥矮瓶

滓盂　沈存周製六稜式　圖出於後

帚　鸞尾翡翠玉柄

箸瓶　青玉小壺　挿牙箸

托子　純錫木瓜式嵌金四君子圖五個

茶　金莖　先春園製

菓子盂　黃玉　檀坐　圖出於後

菓籃　湘竹提梁式　盛落菓式々干菓

机　紫檀　高机脚間彫花鳥藻紋

榻　青磁六方壺樣五個

烏府　白竹提梁籃

地爐　鐵圓式

蓋　鍮鐘式彫花紋

帳　紺色七絲絹花鳥織紋

門標　江稼圃書琴仙二大字

楹聯　黑漆板

語云　茶熟香清有客門至可喜
　　　鳥啼花落無人亦自悠然

盆栽　青磁長方盆植矮櫨數十本置之於高脚
卓上交趾窯白磁盆栽小松

甘黃玉盂

黃玉固係罕有之物況琢以為盂珍賞有餘

沈存周製

六稜式紙錫滓盂

六處相隔刻書畫俱精妙其為沈氏製自今明

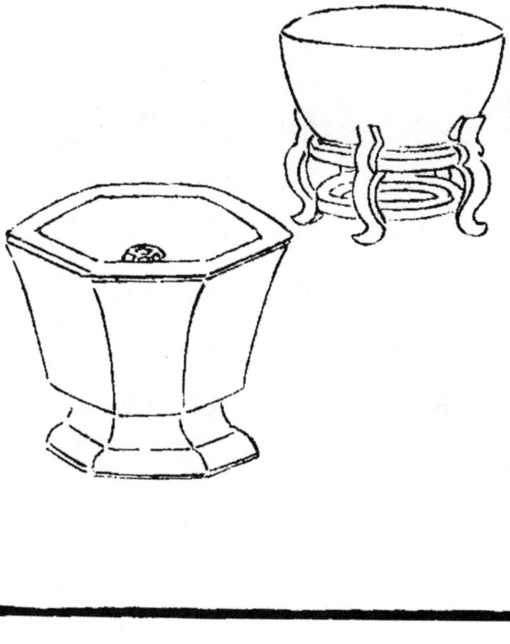

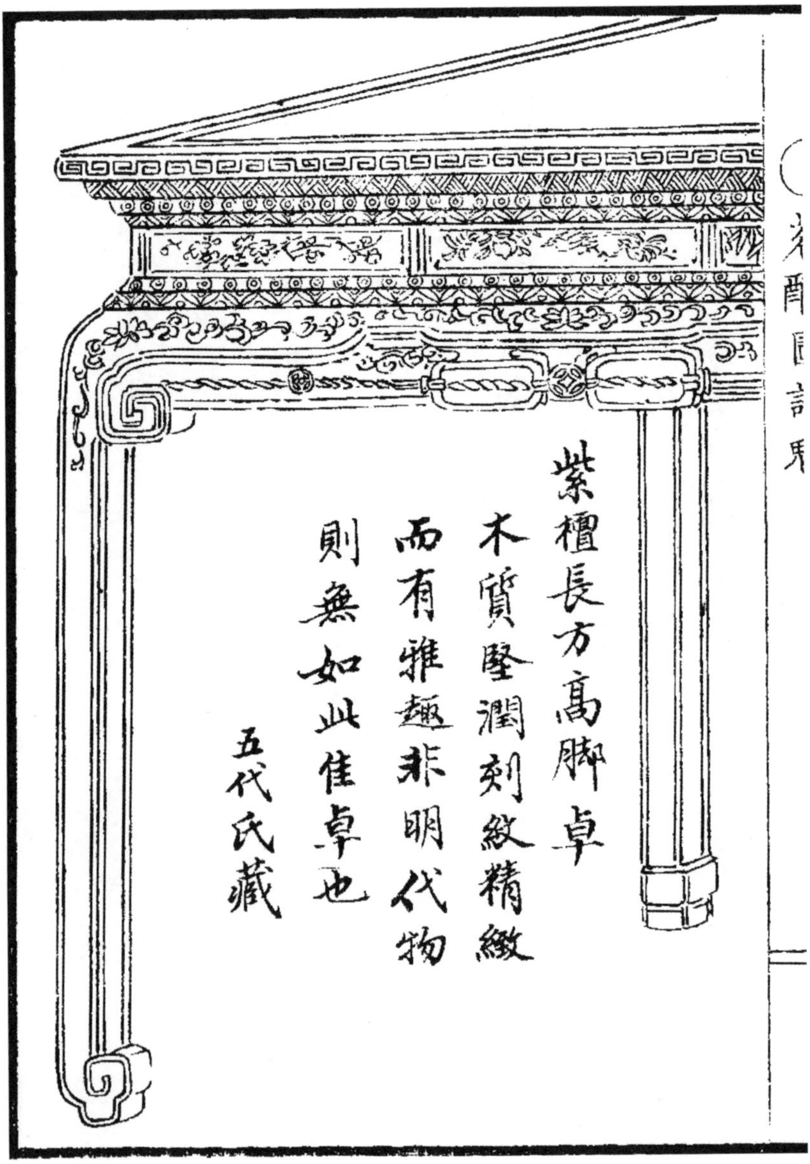
紫檀長方高脚卓
木質堅潤刻紋精緻
而有雅趣非明代物
則無如此佳卓也
五代氏藏

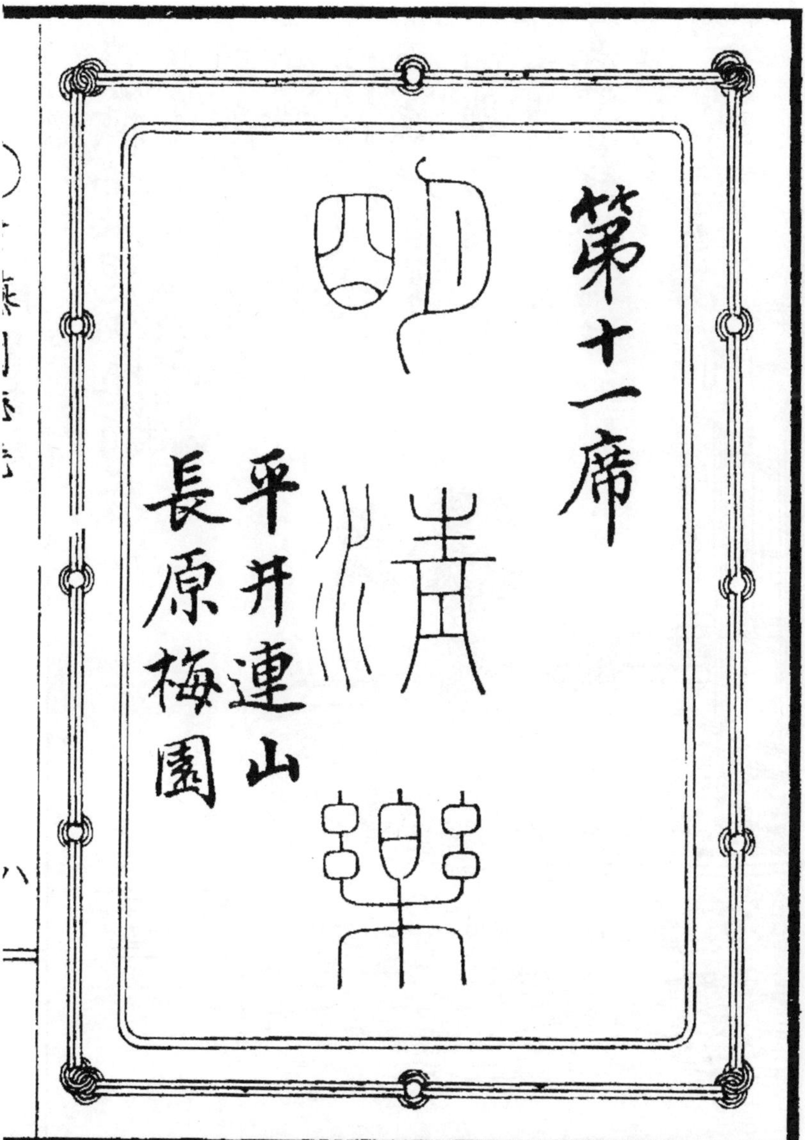
第十一席

明清樂

平井連山

長原梅園

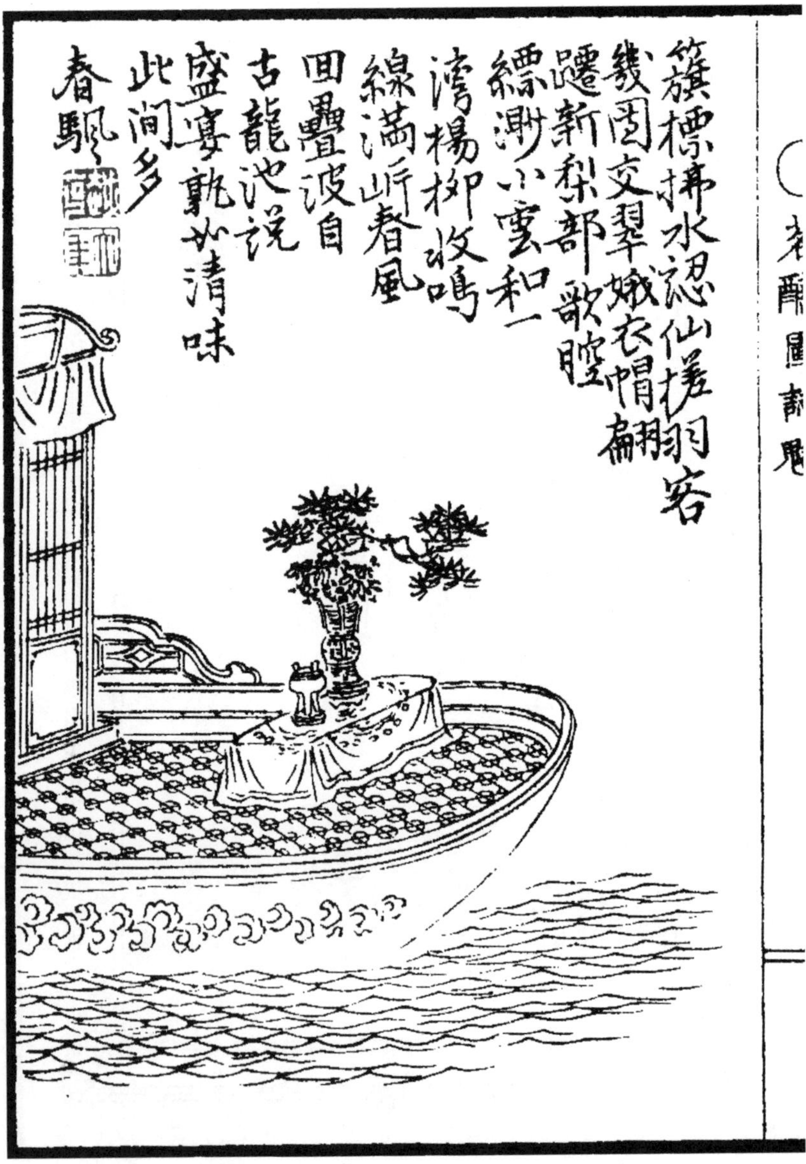
旗標拂水認仙槎羽客
幾回交翠娥衣帽翩
躚新梨部歌腔
縹渺小雲和一
灣楊柳收鳴
線滿岸春風
回疊波自
古龍池說
盛宴孰如清味
此間多
春颿

九

甲戌余遊於浪華適赴
山中大雅君青灣品茶
之會諸多逸韵未
可盡言及其絲竹
管絃之具悉是唐
宋元明之器蓋
遊人拭目而
珍賞無已
吁何其獲
寶之多且美哉

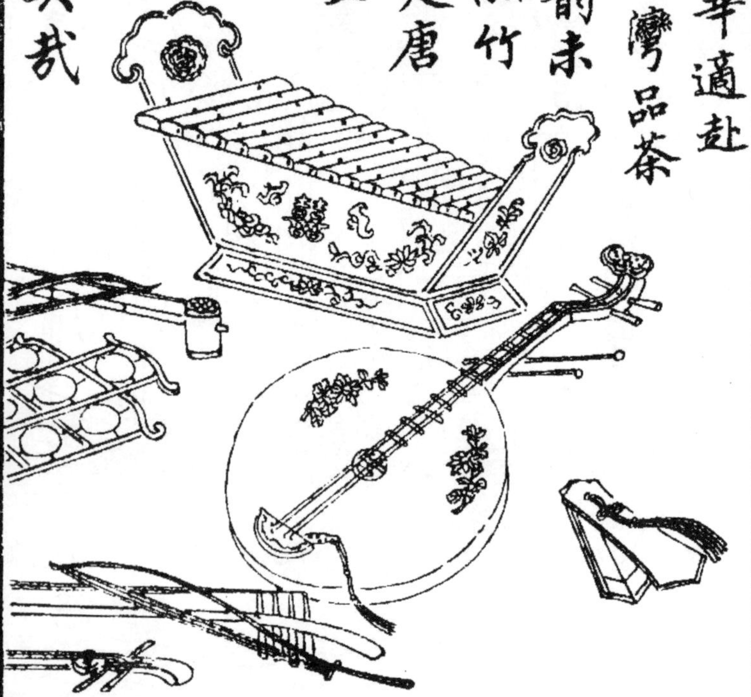

故錄數言以識其事云

大清同治十三年

廣東龍隼山人伯乾梁文玩

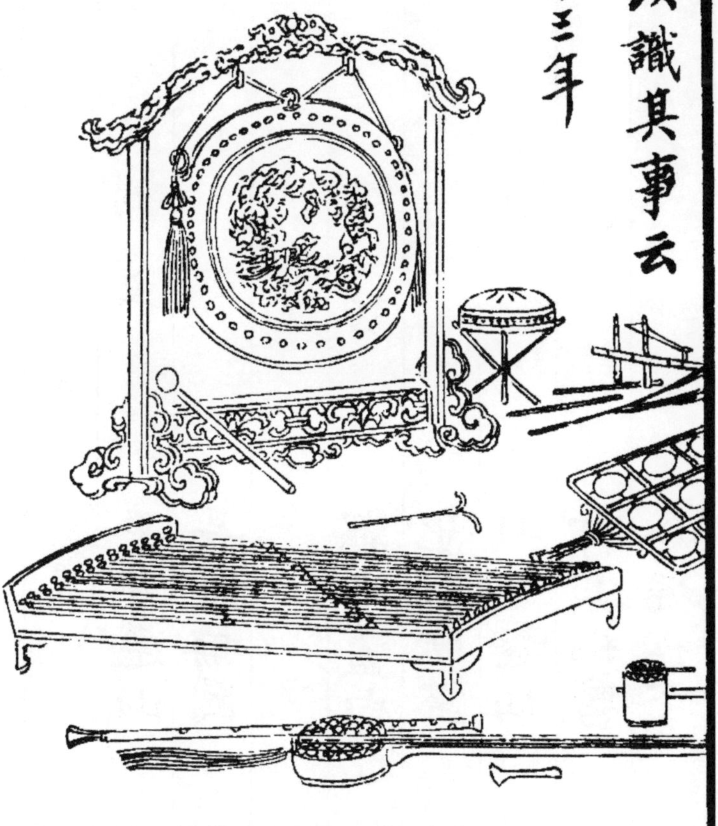

十

第十一席明清樂　船房

調主　平井連山

長原梅園

補助　瀧野蘆白

池田映堂

山田甃仙

神山松醫

今堀松雫

由良松友
矢島松谷
石橋聽松
本間松韵
中井如山
長原松麟
同　春田
澤木清琴

明清樂合奏曲名

員頭　朝天子　月花集

夏門流水　哈々調　九連環

茉梨花　着中四季　平板調

久門　奧心調　紗窓

賣脚奧　如意　漳州曲

斷板　松山流水　梅花流水

竹韻流水　桃林宴　西川斷

二凡斷　補缸匠　相思曲

将軍令　尼姑思還　二凡調

金錢巻　銀紐糸　武鮮巻

清平調　烏夜啼　梁父唸

耍歌　滿江紅　不諗毋流水

碧破玉　桐城哥　双蝶翠

翠賓英　串珠連　西不像

清玉案　關雎　雷神洞

清唱樂器品目

月琴

提琴

胡琹　長柄小面二絃用猫皮以毛弓摩之

（樂器圖說

蛇皮線　三絃而蛇皮柄長面小

片鼓

柏板　紫檀

雲鑼　白銅廓紫檀

清笛

洋琴　似箏短金線二十六線以二線為一音十三絃也

木琴

携琴　似提琴長絃蛇皮用毛弓

琵琶　四絃板面形如匙

鎖吶　鎮口小末巨

大鼓　馬皮

簫篥

上尺工六凡五乙

（上）

第十二席　金芽堂

滌昏

鬼城題

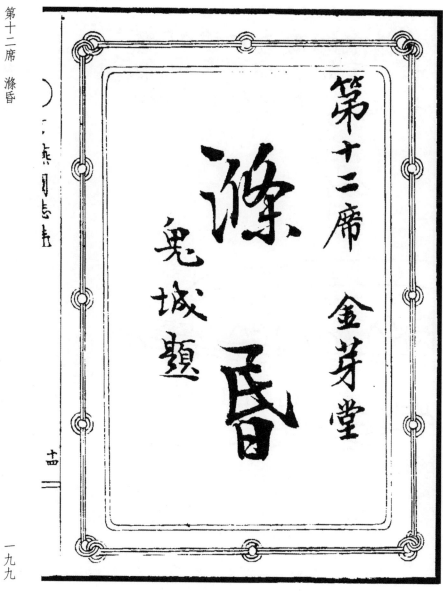

艤船如
卅石（淀川舟名）
維在大
江頭供
麥神室
腹當茶
潤飽
喉主
情方水
月客意

亦風流
眞率所
何似牧
方賣酒
舟
直入山樵歌

第十二席

在船中此船用浮三十石者別有小舟二艘一以送迎來客一繫於本船後以為厨者

茗主　金芽堂

補助　紅雪堂

梧逸堂

有此堂

紅苍堂

三木亭

脩竹堂

掛額　子治墨竹絹本團扇

款曰勤甫画學日遲画竹箕自佳好而必

索余為之何耶卒成数葦奉鑒子治

香爐　白磁高麗窯彝式　檀坐

提籃　尚古齋新製　圖出於後

火爐　清水窯青花磁　圖出於後

湯罐　砂瓶急須式

茶銚　清水窯青花磁　圖出於後

茶碗　同窯青花磁十個　圖出於後

托子　純錫海棠式十個

茶盆　松木片盆

巾筒　白玉有蓋上刻梅花

茶壷　薄錢六稜式

茶合　明竹新製　圖出於後

滓盂　純錫邵德賢造

烏府　古籐籃

菓子盂　白磁有蓋者　盛熟菱

机　赤漆面紫竹脚長方式

茶　啓沃　金芽堂自選

煙盆　新製淀川通船所用者　唾壷青竹小火爐瓦瓶

錠　南蠻銅　天然木植

花瓶　南蠻窯　檀坐插紅葉黄花

大二

茗醼圖說

具列机　櫪長方式

水注　春慶漆內有金紋者

帖　袁隨園詩集

卷　半江秋景山水

帳　蒨色紋羅

帆　白布五幅

席　青綿氍毹三幅

机　湘竹方机

屏風　湘竹屏

茶籃　古竹提梁式盛露根蘭

香色雅宜可愛
滾與佳風味出
了工夜深一碗添
神力多為詩人
助奏功
呂墨稼書作

十九

巧作朱泥勝玉壺
錦紋筐子有規模
攜杯莫道邀明月
夜半客來當自娛

大清光緒元年夏月
吳縣何鏞氏題

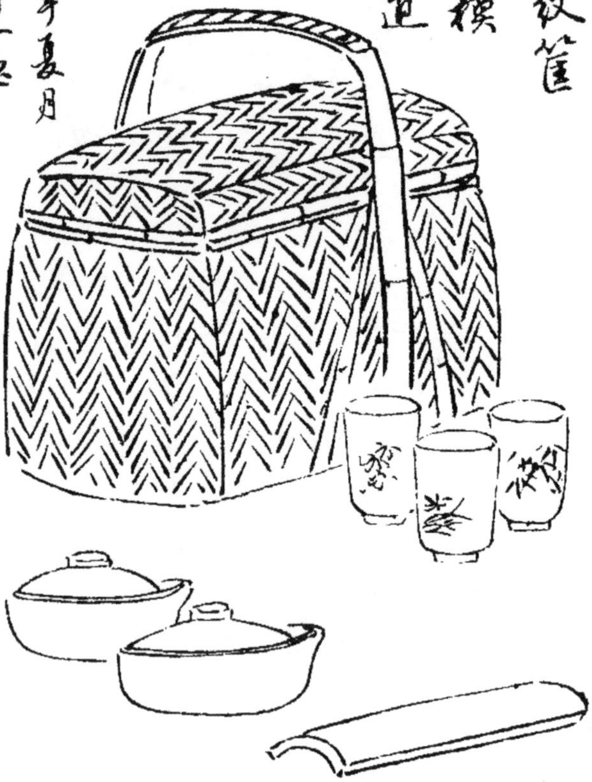

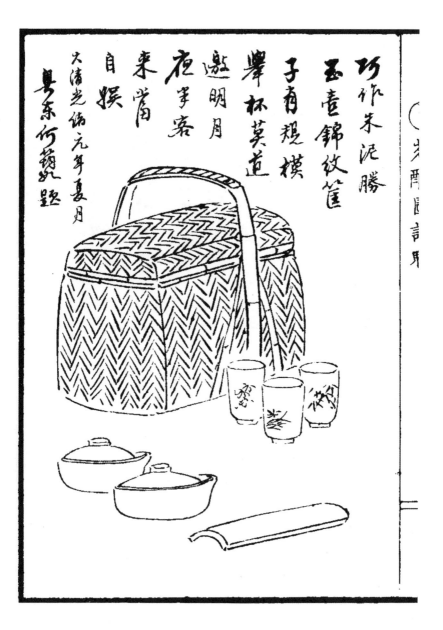

第十三席

碧雲

堀井頑僊

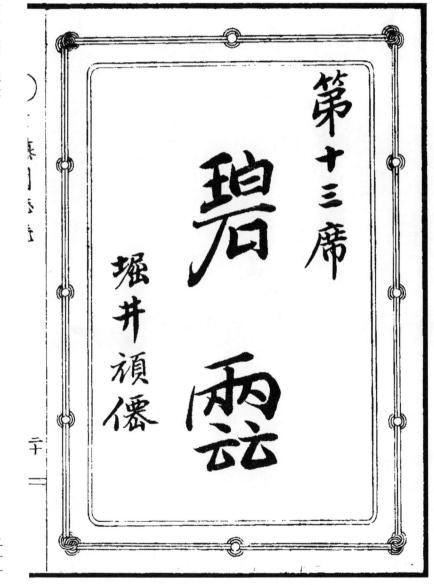

第十三席　綢洲樓

茗主　堀井　頑仙

濵名　白鷗

補助　行德　玉江

佐々木美彥

品目

掛幅　李復堂画著色楊梅孤石絹本横幅

款曰廣陵以白揚為聖僧則紅者為醉聖

矣東坡有怪石呼爲醉道士拈此二者爲圖

余若嗜酒亦當參我首座懊道人李鱓

香爐　宣德銅彝式　檀坐

帖　竹窓印譜一帙

卓　紫檀長方几

花瓶　南京窯青花磁六棱式　插萸子二顆置於紫檀卓上

硯　澄泥圓形硯　圖出於後

墨　詹成圭製氣叶金蘭

墨床　白玉几式

筆覘　古代青磁荷葉式

水滴　古銅天祿

筆　蔣瑞元製二枚

筆筒　古竹刻山水

筆洗　青蒼磁桐葉式　圖出於後

都載盒　紫檀長方式

以上八品置此上

菓盒　白磁盆置於紫檀天然臺上盛佛手柑

涼爐　青磁交趾窯

爐坐　南蠻窯圓式

湯鑵　泥砂磁

水注　海鼠磁提梁式

菓子器　白磁南京窯

茶銚　烏泥菊花式孟臣製一雙

茶碗　明製白磁碗五個

托子　鈍錫棋苍式五個

巾筒　翡翠玉六稜式

茶心壺　明代鈍錫亞式

滓盂　鈍錫方壺

提籃　古籐籃以朱漆塗者

箸餅　白磁高麗窯小方壺

茶合　古竹刻山水人物

茶盒　松樹四方式

煙盒　攊白磁小火爐

茶具鐔　萬曆鑃鍮

茶器　古竹籃提梁　圖出於後

菓盒　桃實式朱漆盒　盛大橘五顆

青花磁桐葉筆洗

文房之寶有此名磁之筆洗雖小器可大愛

提梁式古竹花籃

形甚雅古色有餘恐是明代名工之所作也歟

楕圓形澄泥硯

一磨已知發墨之妙宜夫古人之愛泥硯殆勝端歙之二石

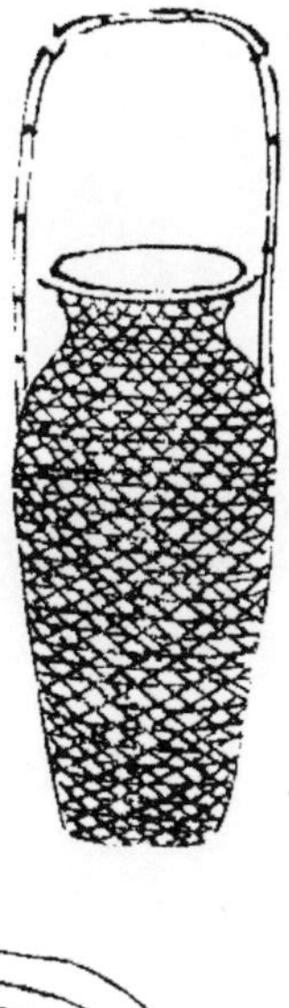

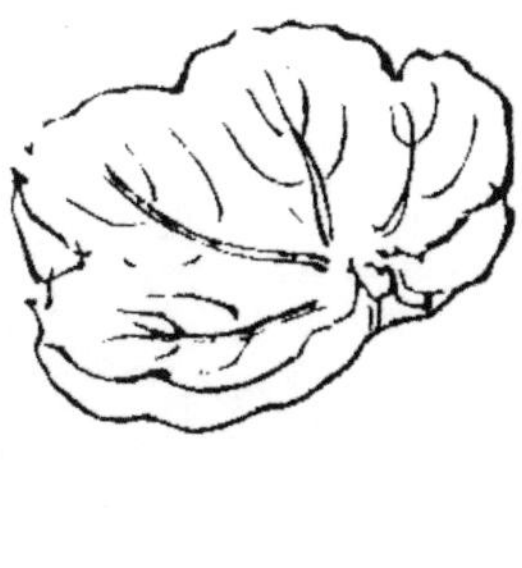

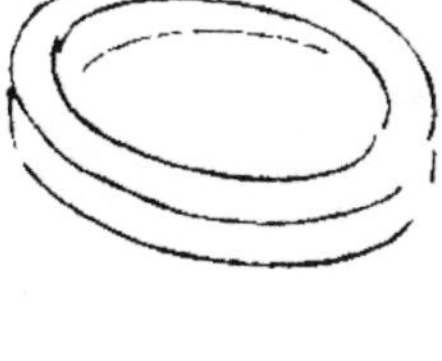

二十四

老醉圖毒觥

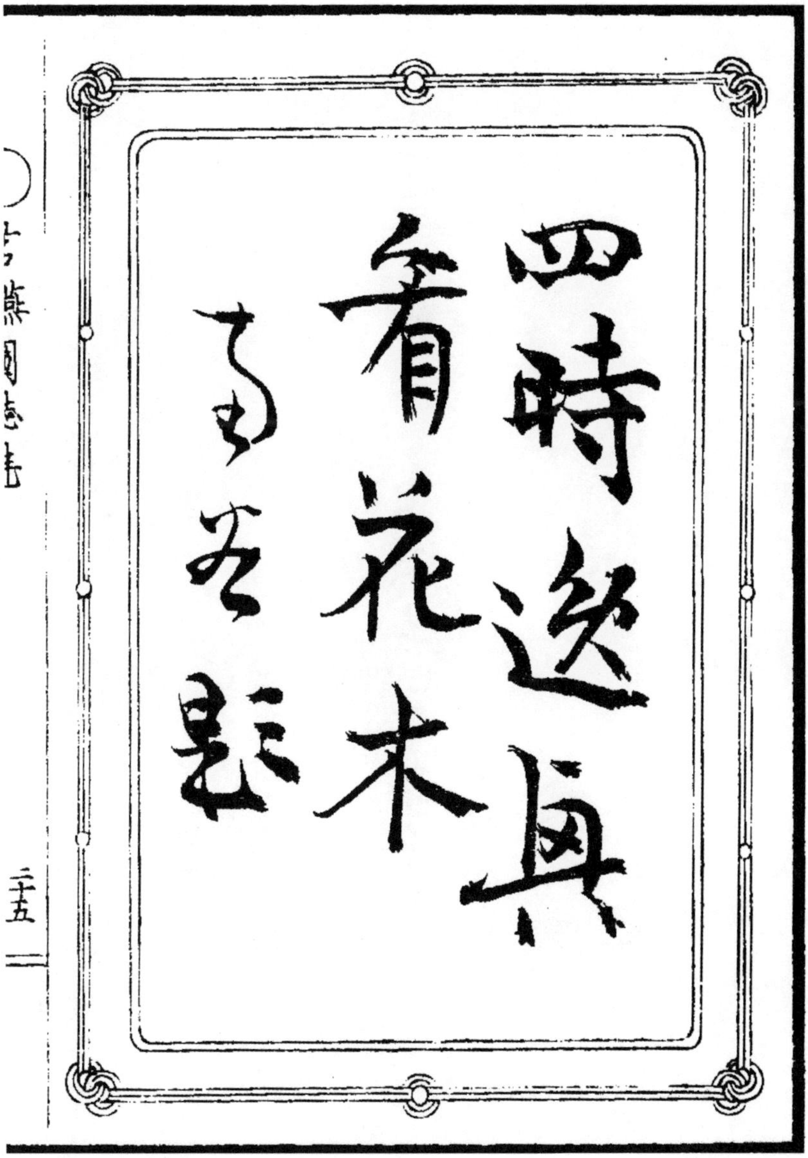
四時逸興
看花木

瓶花主

長春堂

菜田迂者

盆栽主

草樂園

小阪仙史

養和堂

森朝堂

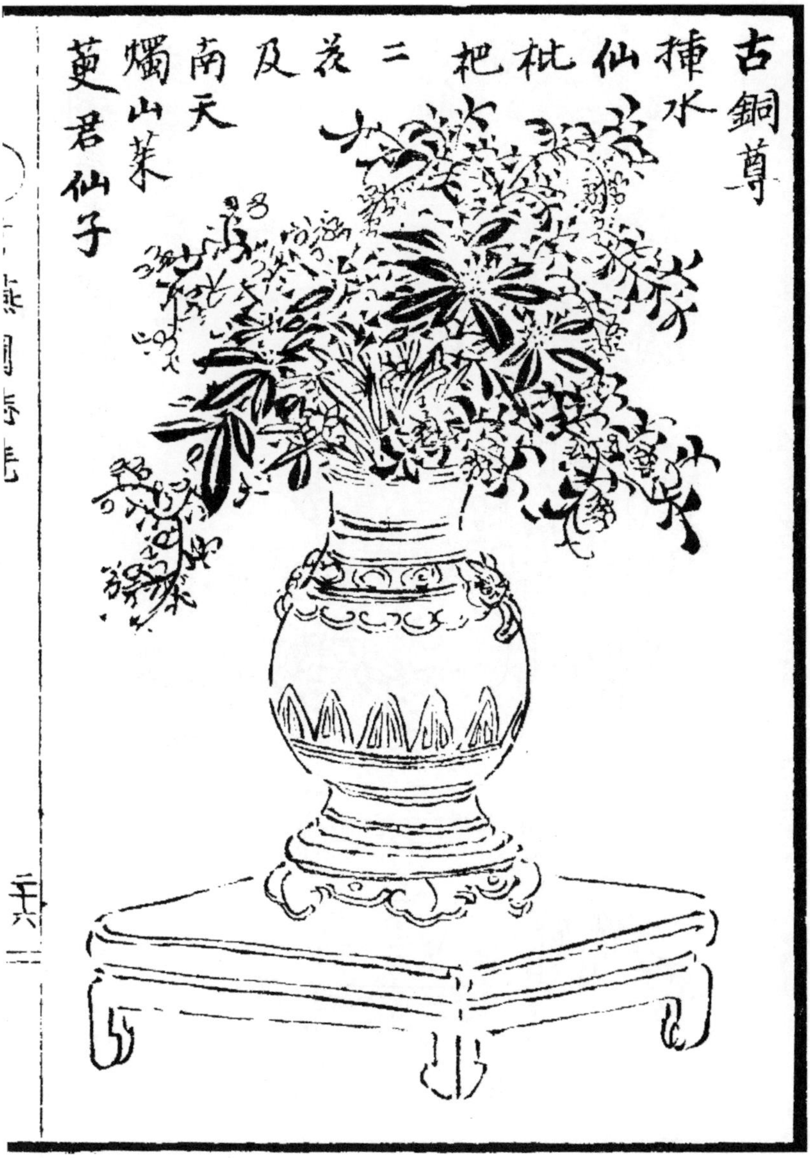
古銅尊
插水仙
枇杷
二花
及
南天
燭山茱
萸君仙子

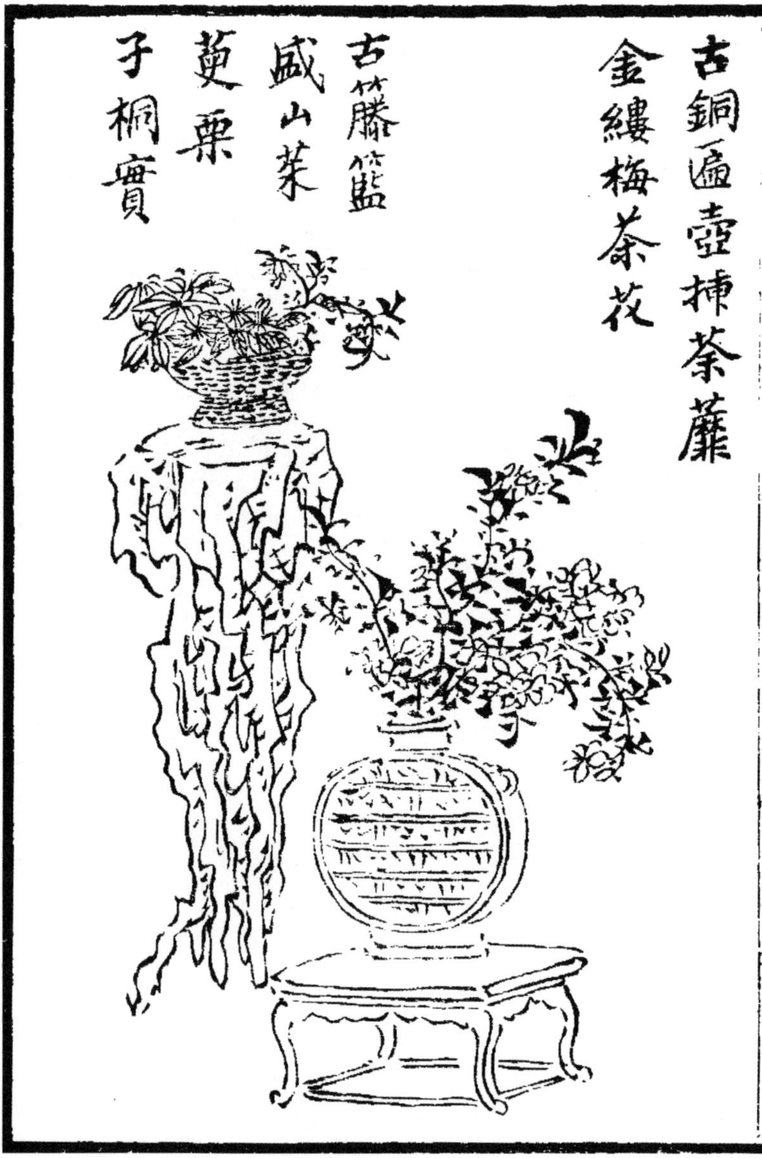
古銅匾壺插荼蘼
金縷梅茶花
古籐籃
盛山茱
萸栗
子桐實

古銅盤栽西湖蕙葭

交趾窯白磁盆栽柘榴

二十七

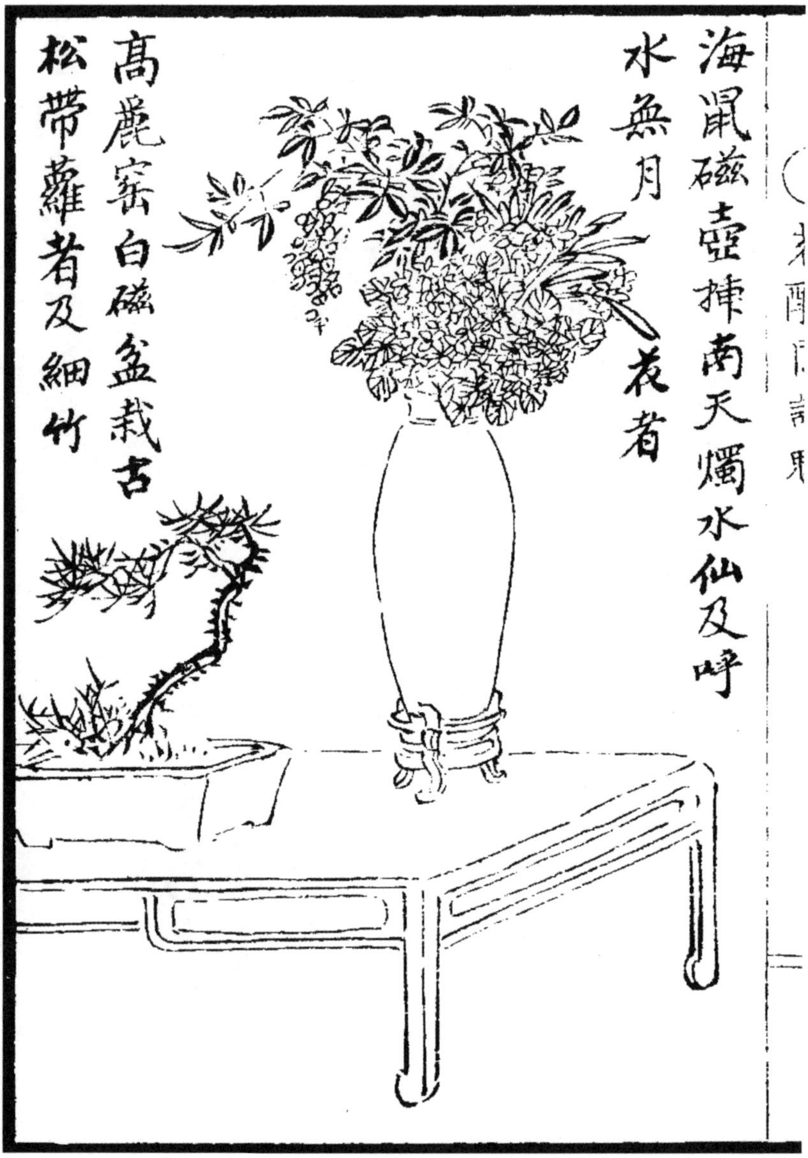
海鼠磁壺挿南天燭水仙及呼
水無月花者
高麗窯白磁盆栽古
松帶蘿者及細竹

古銅兩耳洗盛
薜荔子黄木蓮
花朶
交趾窑茶色
磁盆栽鳳蘭
一叢

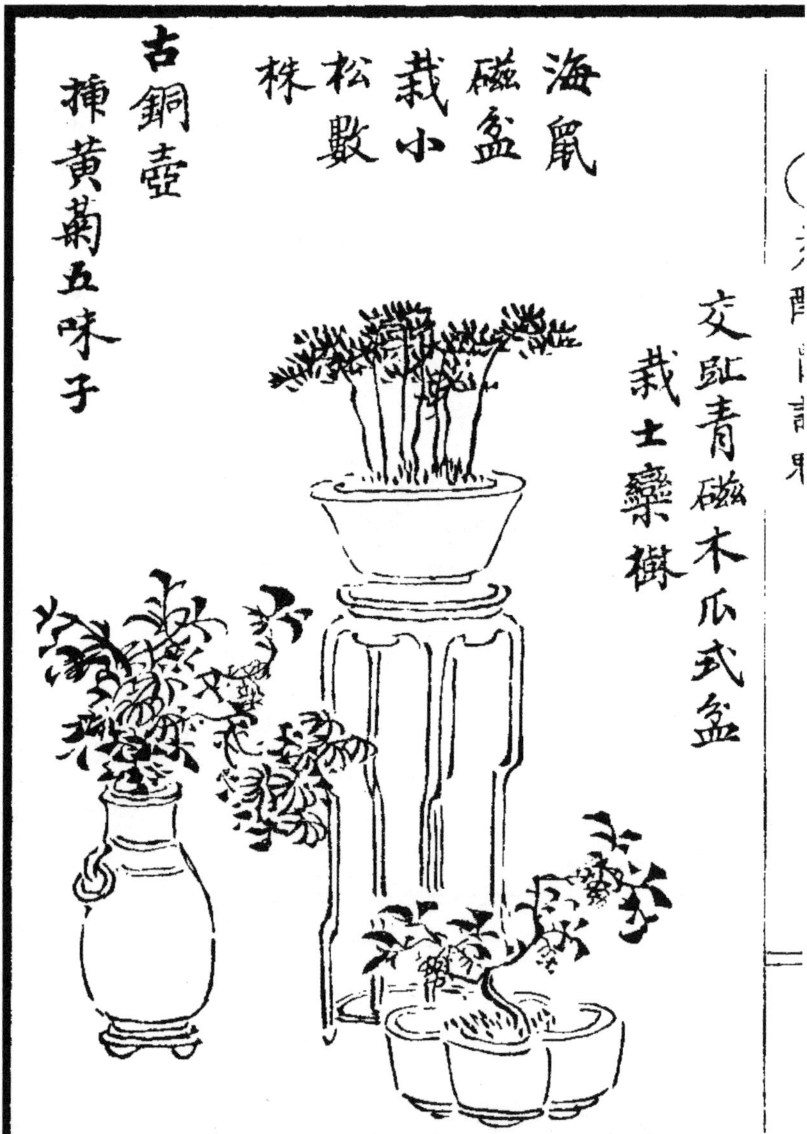
交趾青磁木瓜式盆
栽土欒樹
海鼠磁盆栽小松數株
古銅壺
揷黃菊五味子

南蠻窯壺
揷椿花
扁豆

交趾窯白磁盆
栽古松及予竹

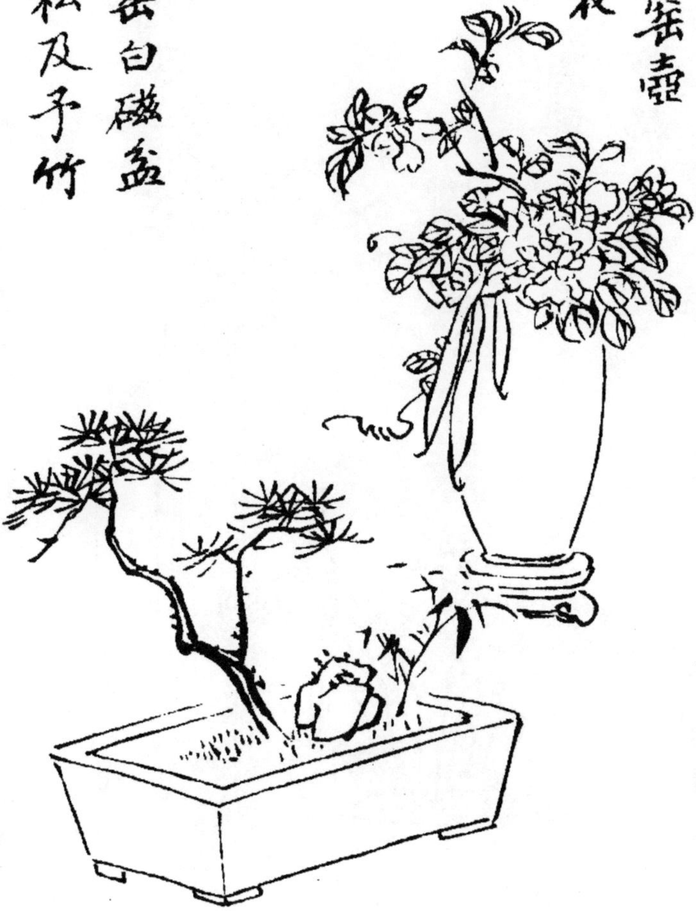

古銅罍揷梅花菜花竹實黃珊瑚木綿花之五種

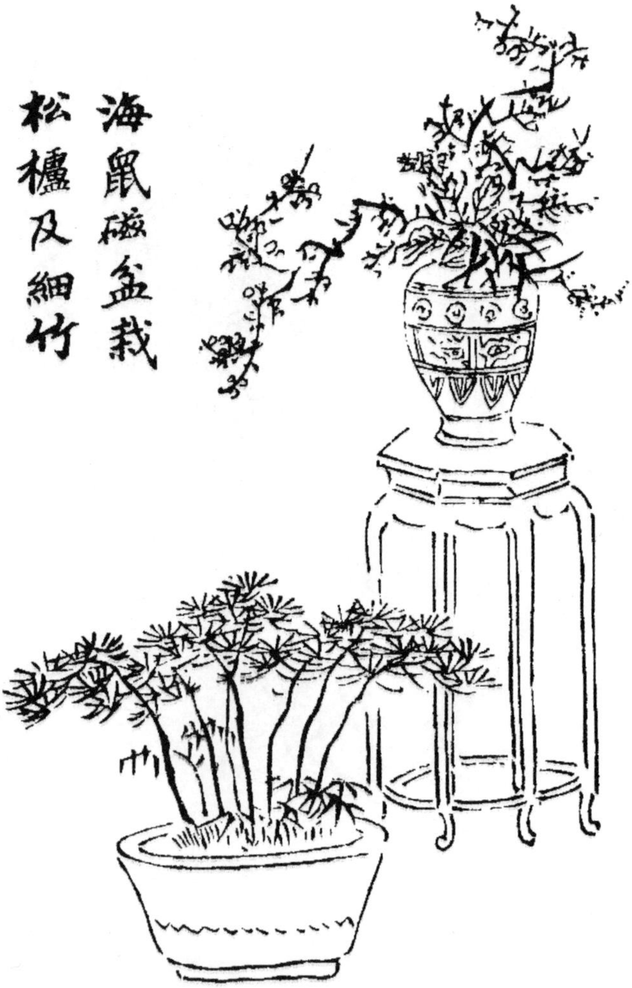

海鼠磁盆栽

松櫨及細竹

交趾窰黄磁長方盆栽小芭蕉

龍巖石蒹葭堂舊藏今在草樂園

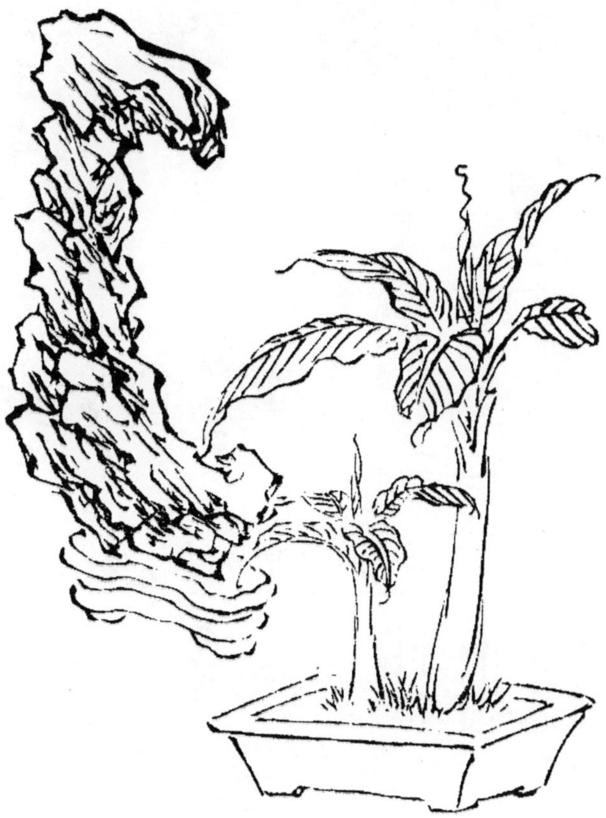

交趾窑青磁長方式盆栽古松一株結子者

古銅壺揷山茶花椅桐及呼美通天者

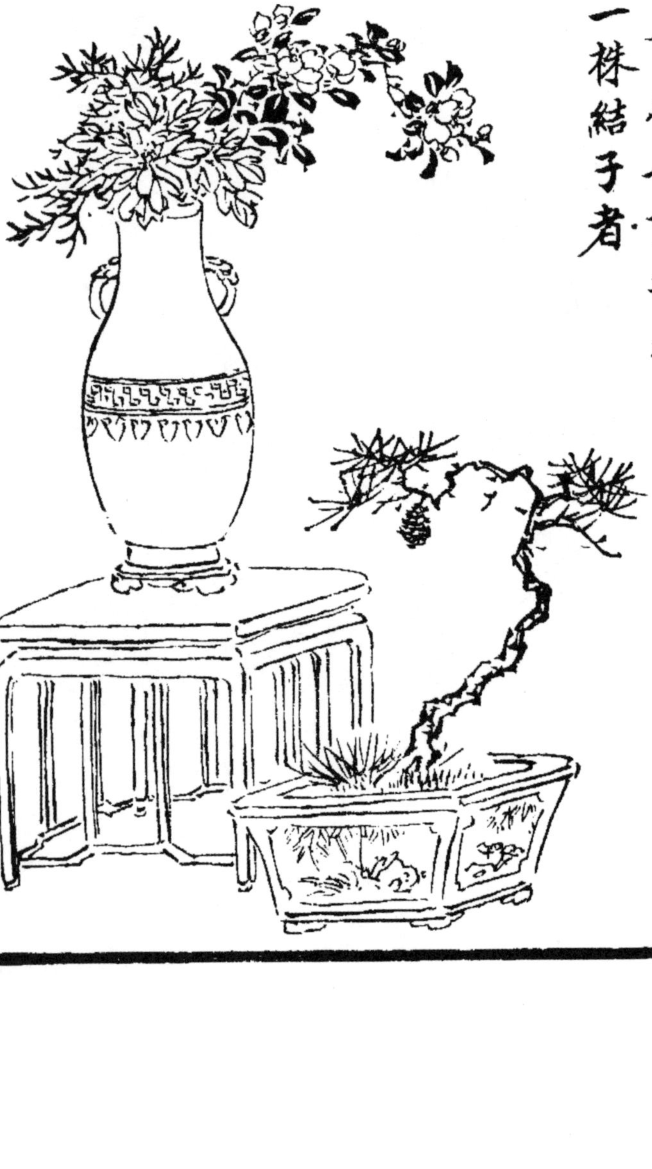

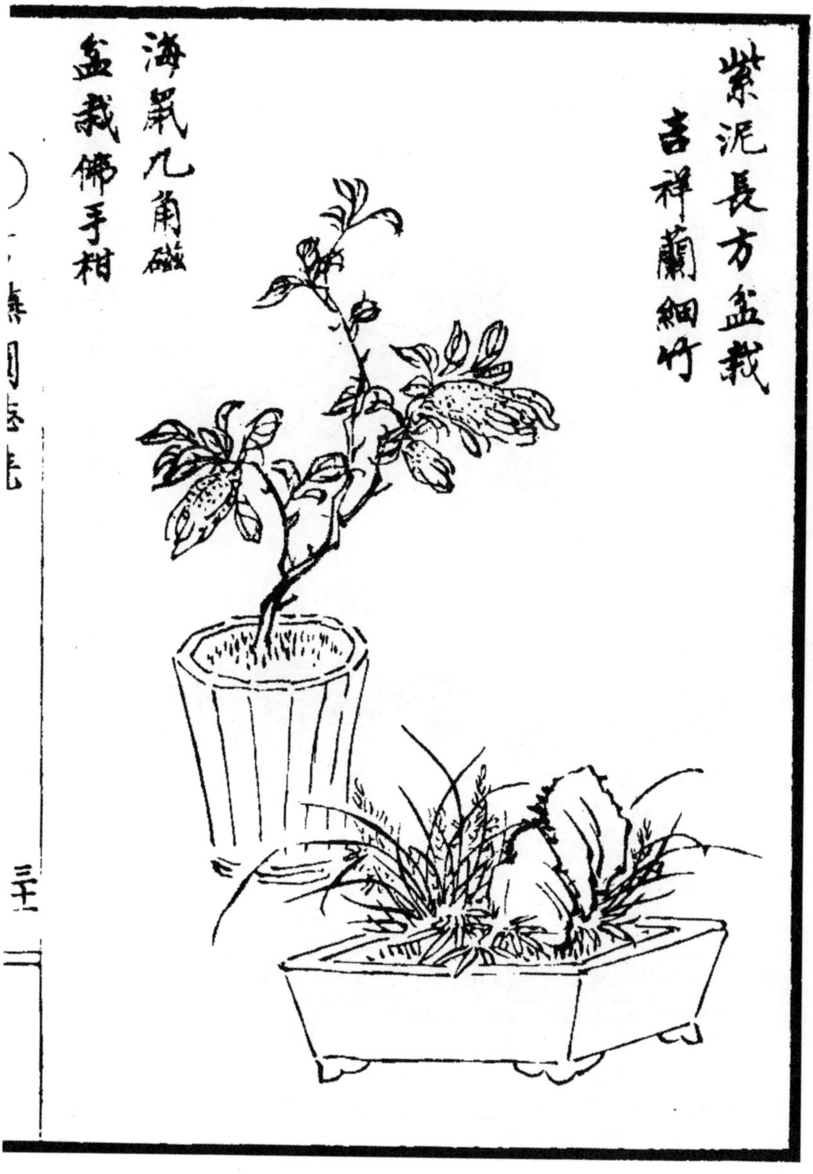
紫泥長方盆栽
吉祥蘭細竹
海棠几角磁
盆栽佛手柑

古銅壺插樅樹五味子
交趾窑白磁盆栽野菊黃山

海鼠磁盆栽烏臼樹

交趾窯白磁壺插婆羅樹雞冠花雀麥

彝式黄磁栽松芝

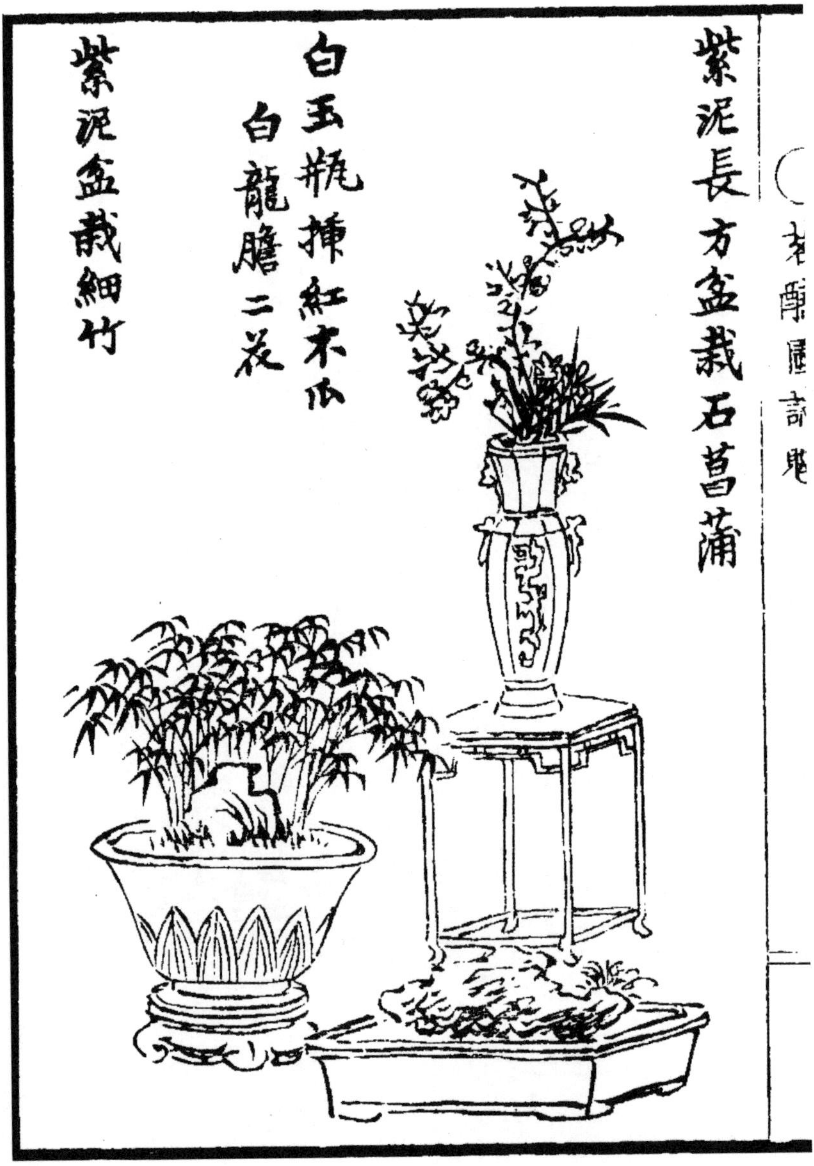
紫泥長方盆栽石菖蒲
白玉瓶插紅木瓜
白龍膽二花
紫泥盆栽細竹

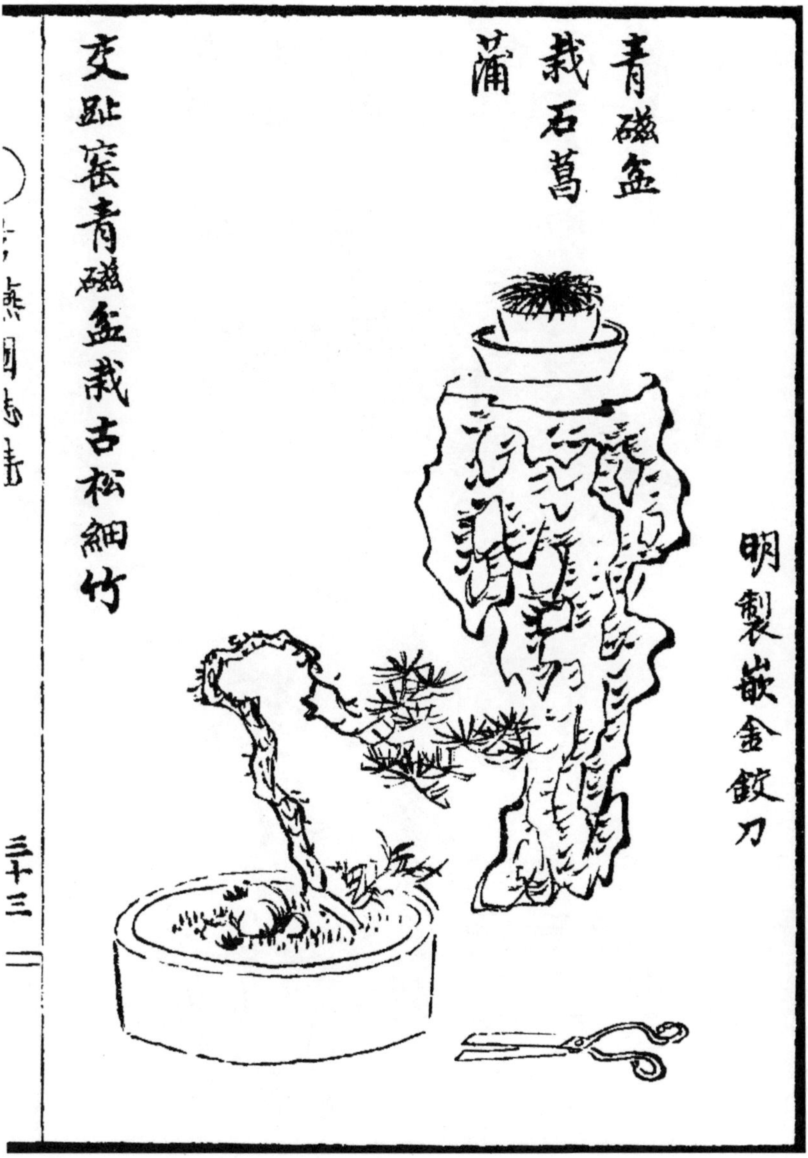
青磁盆栽石菖蒲
交趾窑青磁盆栽古松細竹
明製嵌金鉸刀
三十三

交趾窑青磁盆栽紅五味子

古銅尊插榛栣二木山茶紅白二種及女兒茶栗子八角金盤

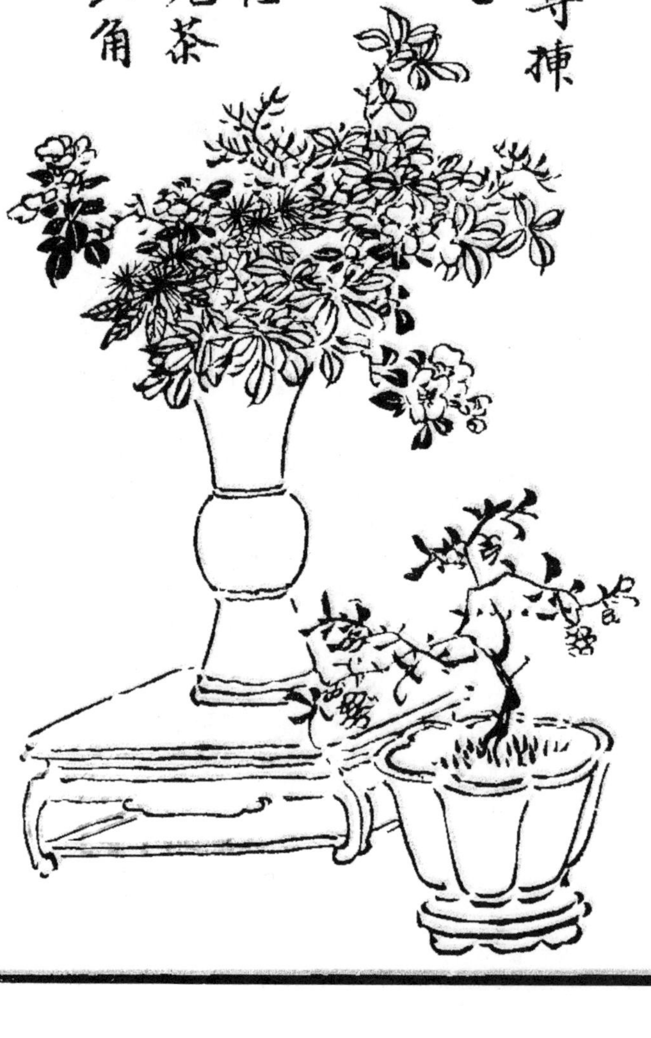

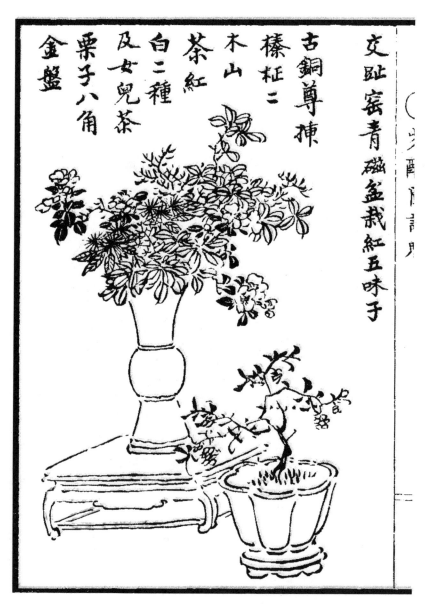

交趾青磁盆栽鬼箭羽及小竹置湖石

交趾窯青磁盆栽
鬼箭羽及櫨木

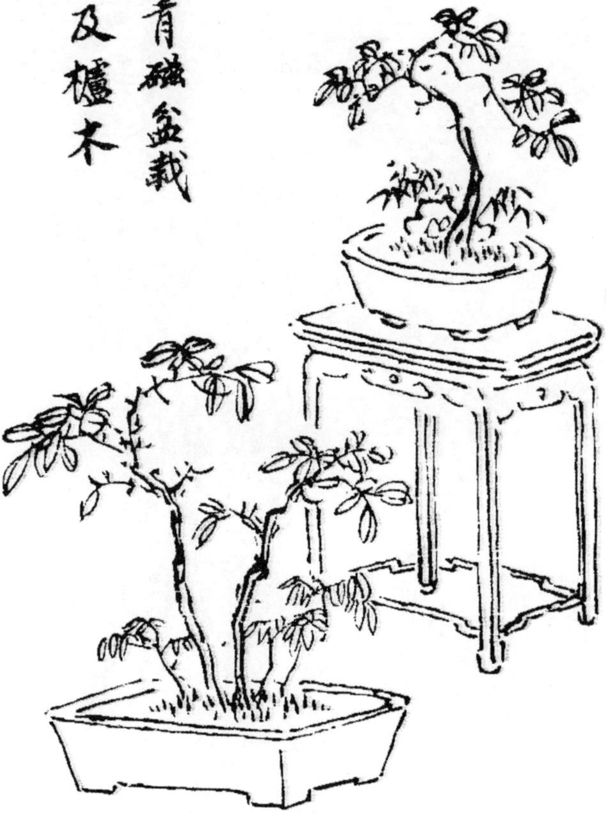

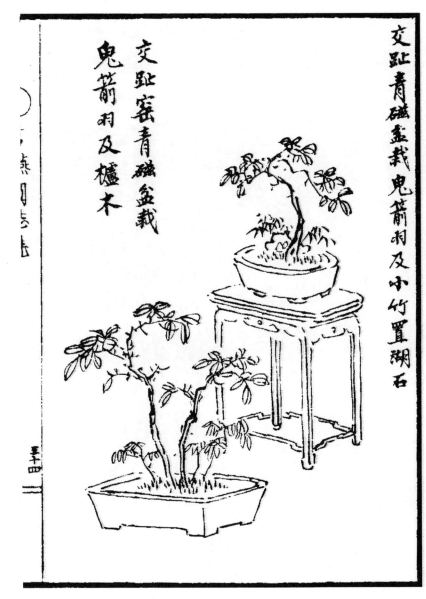

冰裂紋白磁壺揷長春及瑞香

交趾窑白磁長方盆栽杜松木雁來紅

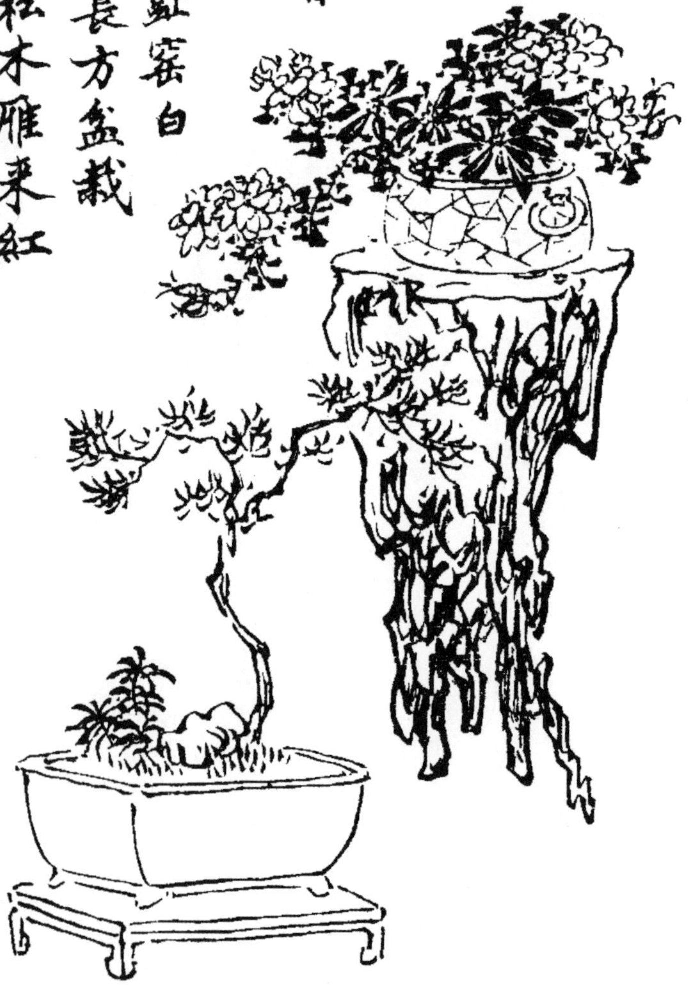

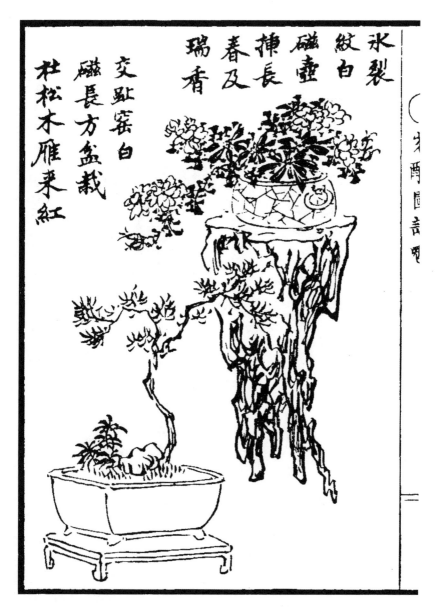

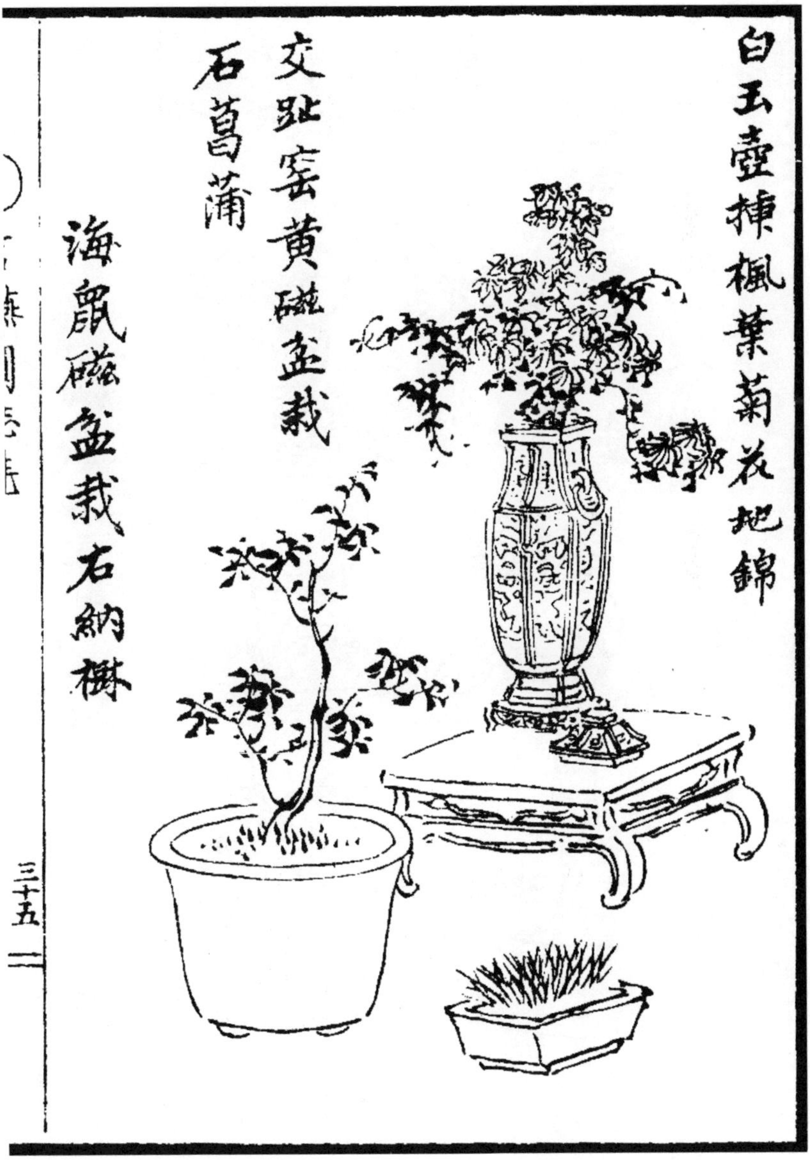
白玉壺插楓葉菊花地錦
交趾窑黄磁盆栽石菖蒲
海鼠磁盆栽石納樹
三十五

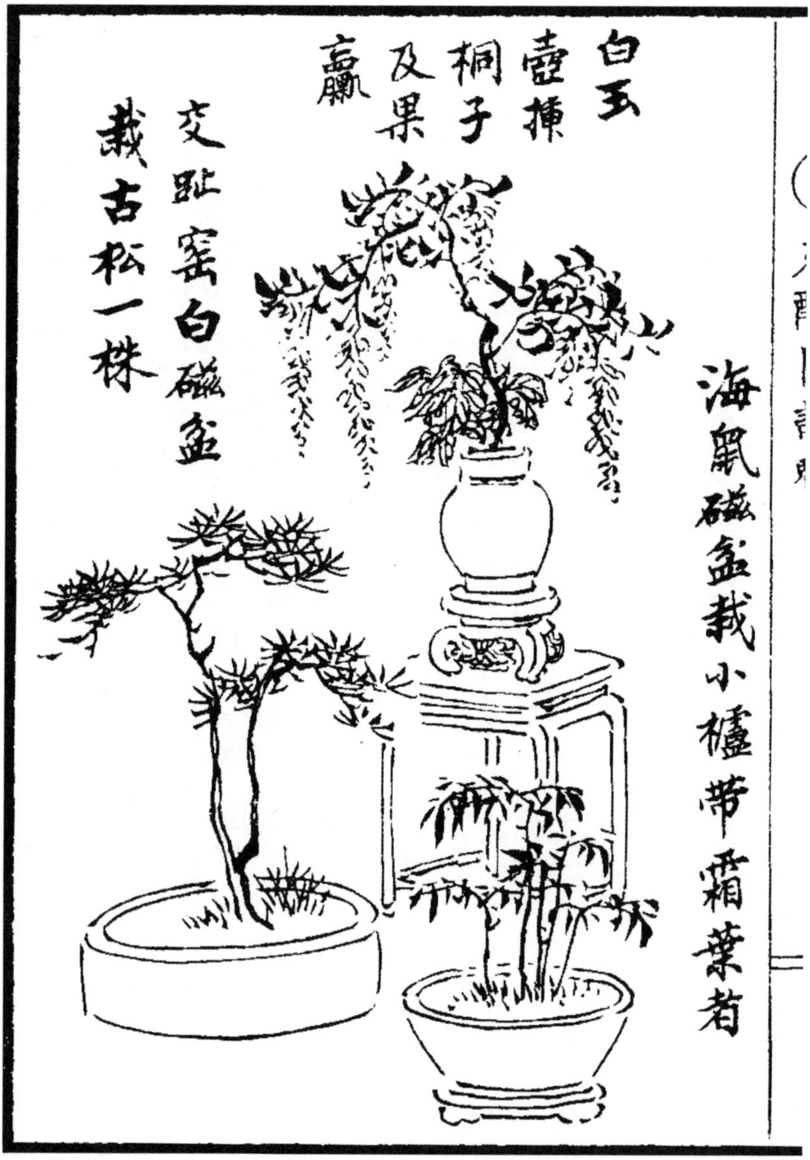
海鼠磁盆栽小櫨帶霜葉者
白玉壺揷桐子及果蠃
交趾窯白磁盆
栽古松一株

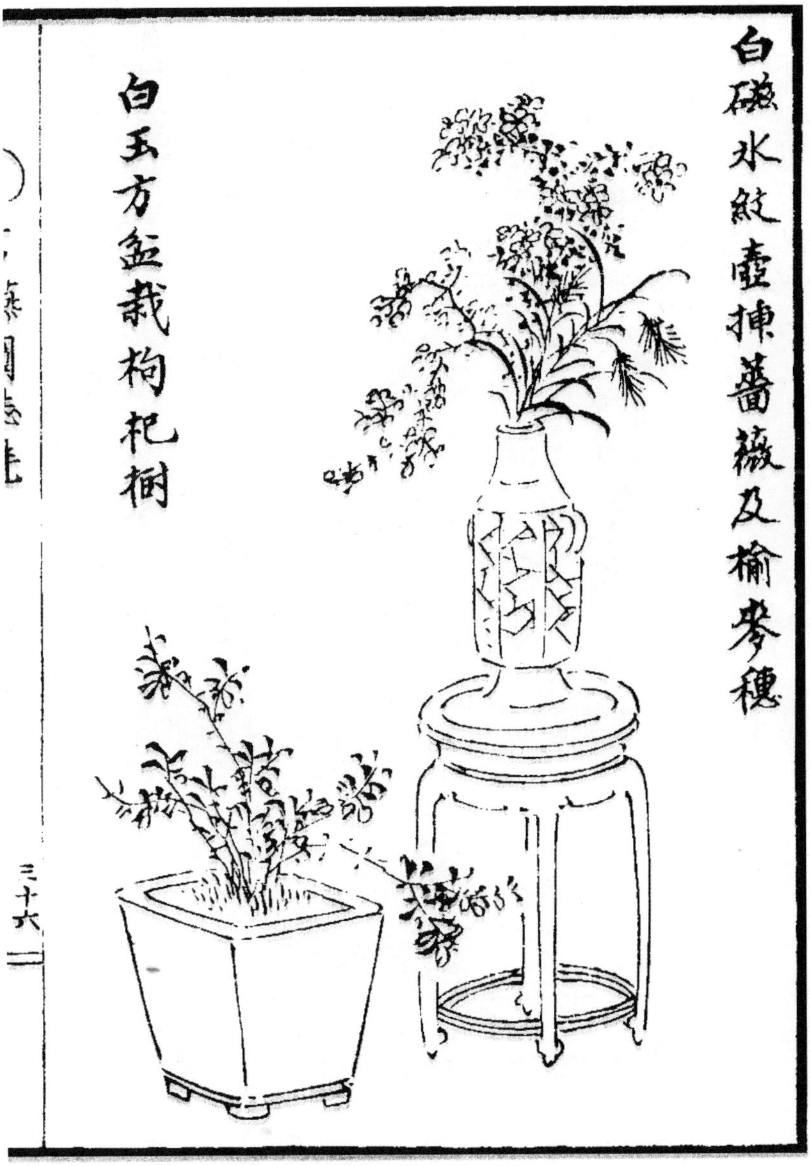
白磁水紋壺揷薔薇及楡麥穗
白玉方盆栽枸杞樹
三十六

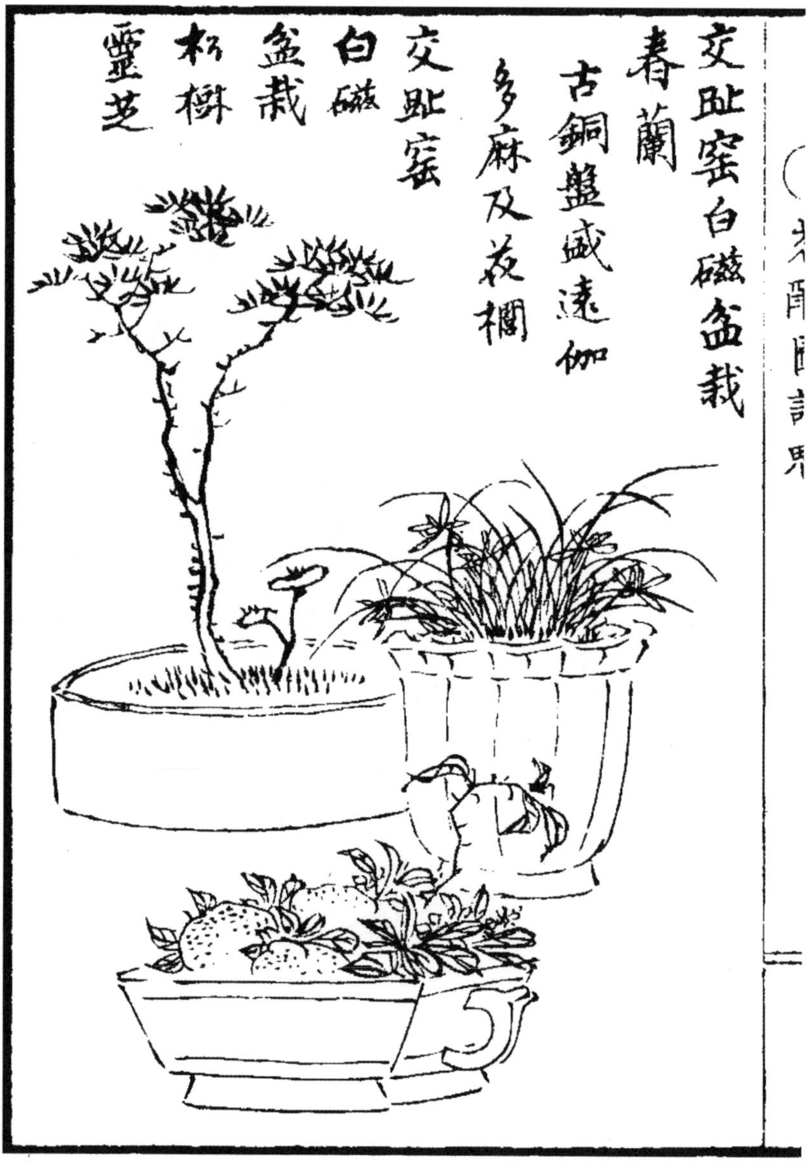
交趾窑白磁盆栽
春蘭
古銅盤盛遠伽
多麻及萩櫚
交趾窑
白磁
盆栽
松樹
靈芝

古銅豆插醉芙蓉
十樣錦薛荔
紫泥長方盆栽南天水仙

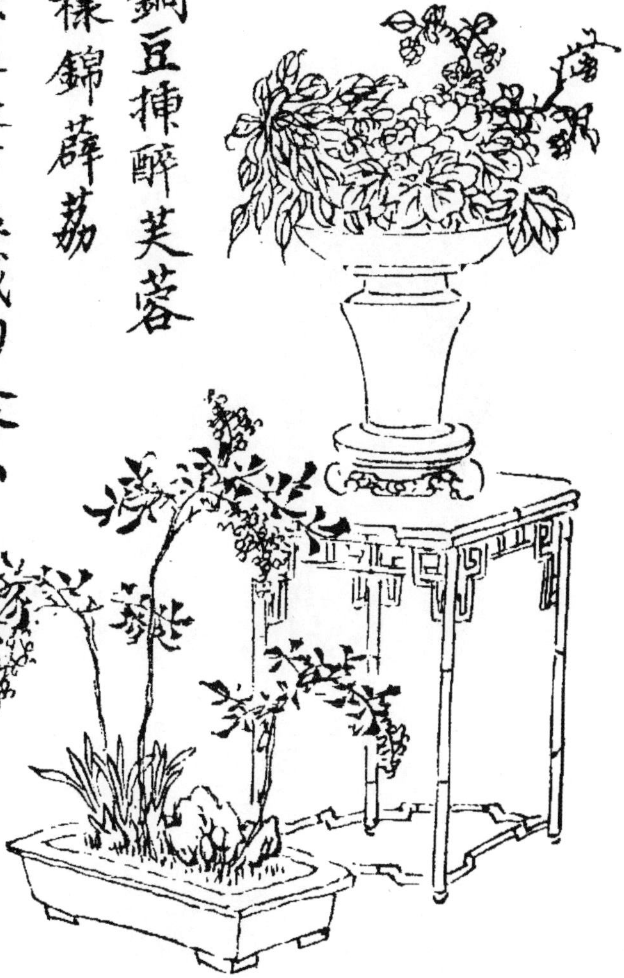

三十七

紫泥盆栽古松幹留蟬蛻一隻根添靈芝數莖

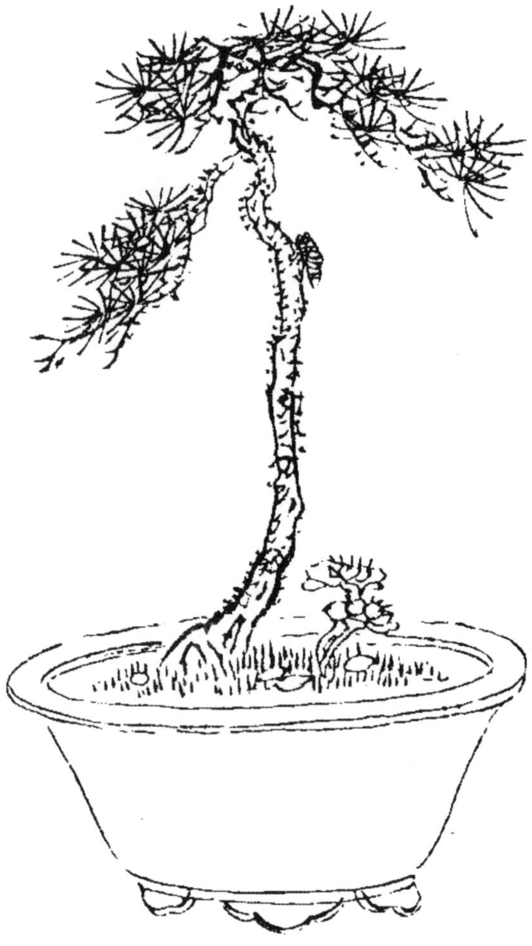

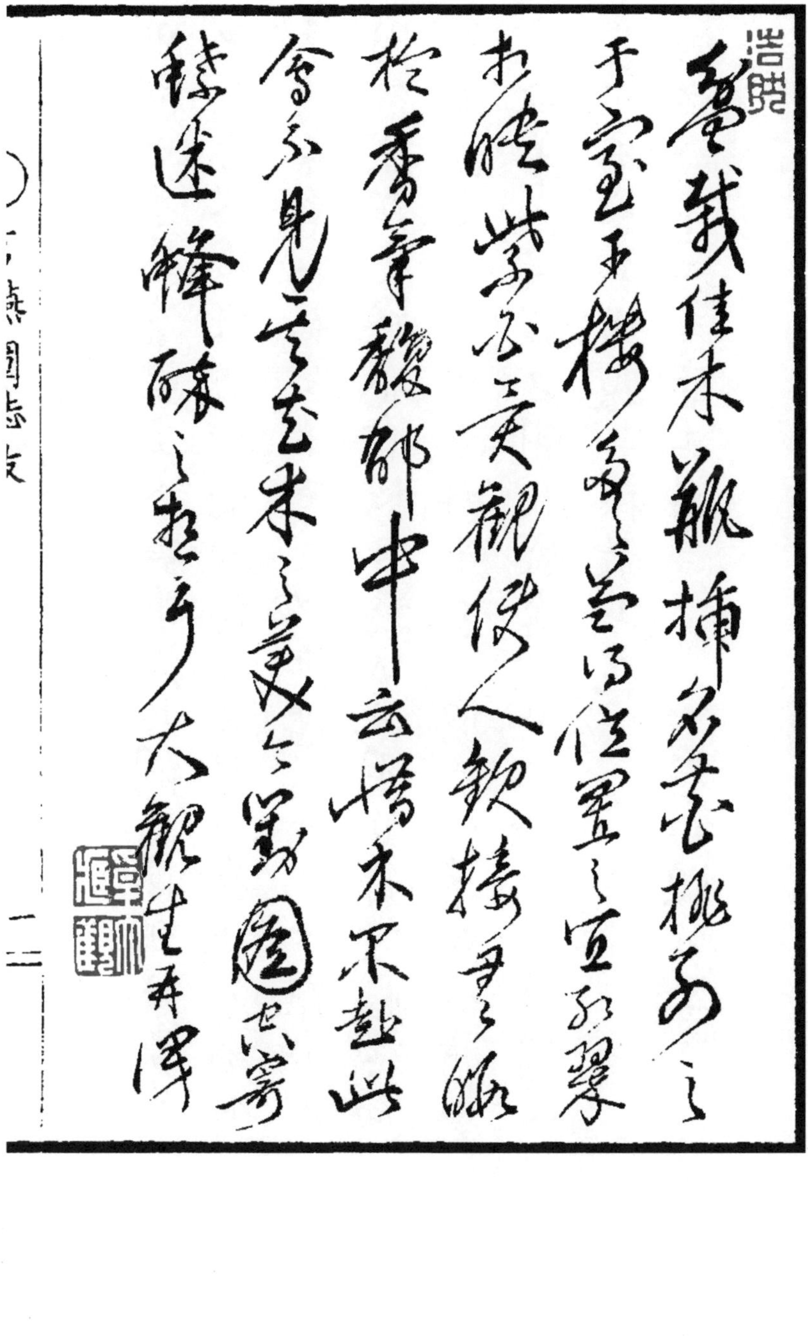

甲戌之冬箸篁堂主人設茶讌於網嶋陳列法書名
畫及古器後數日欲圖而傳之來謀曰往歲乃翁有
青灣茶會圖録今君筆之以併傳於世不亦榮耶余
因躍然諾之癈眠食數月遂成此圖且録箋幅之幅
負品器之寸尺以資好事者一覽蓋此舉距青灣殆
十餘年而風騷更闢其盛至今日且徵余圖以傳之
豈可不感哉因題一語於其後

明治八年乙亥春三月　小齋田順

有客曰景子之樓亦翠也樓居
地之美者雖之於壽濤之道
即如予宗弦之流傲倦樂予友趣一
同人蕭之一處行來此滿將山中
之民探揭之文人之墨陳風哉其墨
摩酒之名大抵好事之生之不爲愛
之爲者之此冀收者郭亂蕭予執

（）燕園志跋

壯繇至志吳友予見示張爲下藝之
政必留世業何稱予之號大雅能
萬所尼也 家陳人去白山中代書
求予書此冊乃綠香之以贈之家
夫品清在于宜然讓之佳人乞

乙亥之春友樵

跋

餅有花爐有香可以品茶乎曰不然架有籤壁有軸可以點茶乎曰不可然則有圖譜鼎磁卣彝罇罍而可乎曰否夫茶尚韻飛雪撲窓可以烹矣落葉黏砌可以煮矣蒲爲團石爲席可以煎矣然而餅爐籤軸圖譜百器所以資之者何歟蓋人之在世也遇

物有障觸事生礙有春而呻者有秋而顰者有青天白日而怒罵者動輒失韵失韵則囂生矣則不得資以不節之苟資之則猶梅而得水桂而遇月障與礙無幾而襟淨体爽呻者以嬉顰者以怡怒罵者以笑韵之發或有過彼飛雪落葉蒲團石席之間者矣於是乎車馬綺縠似為竹雨松濤

腴肉曼聲銷為澹烟冷香其趣亦不可勝言也篝篁堂主人以商估為業暇則品茶換酒一日携其網島茗讌圖誌來乞余一言閱之則讌凡十餘席園榭幽緻水木清華爐烟裊裊衣袖有影有跪而品者有踞而煮者有起而逍遥者而其間書畫鼎彝几百品具攢簇布置寓天下之奇於一目資韵為有術乃謂曰

販估之於騷流其跡相反猶茶之甜與苦矣醉鄉之於醒地其事不同猶茶之芳與臭矣而于今外販內騷代醉以醒適苦與臭就甜與芳如此是所以有踰世歟遂書之以爲跋

春飆居士河埜通亂撰

大清光緒元年乙亥夏日廣東鳳城散人梁文玩書於浪華客舍

同治甲戌之冬十月八日良翁山中
民兄來杭出像後遇子書齋之地陳
展古書畫以談先人之舊稱是舉
葉譜十册以宗先諱伯諱君
目名為十友而尤愛權師安
齋子孫數世矣編者以傳來

煮之傳燈十席之品又次品茶採茶

地置席甚多楼舟於中流設茗

者甚衆觀於樹梢之合集傳

余嘗與陳鴻某君有茶讌之

舉是時先人亦之主者友為雅集之客

事者也是會趣舊者凡之千五之

館人所須風味猶帶一塵之多余
試曰山中氏之字貞孝矣能
象文以古篆殊饒趣大字逸余
四譬林麓歷寫成雙文兩二云宗
人所藏之之云云書即去之
庵楷寫完睢之白去雙安得

茲今山中氏之家為之煎然追
思文之所樂是處以遂之所
古人手植之種茗也置可
以為斯記從何處去手哉
丁亥春三月竹香樓樵爾書

明治八年乙亥十二月十三日御届
官許同九年丙子一月十一日發兌

編輯 大阪府下第一大區十三小區北濱二町目四十三番地 山中吉郎兵衛
藏梓 東京日本橋通一町目 北畠茂兵衛
同 西河岸町 須原鐵二
同 神田元柳原町 田澤靜雲
弘通 西京寺町姉小路角 鳩居堂
書房 大阪心齋橋筋唐物町 淺井吉兵衛
同 安土町 鹿田靜七

青灣茗醼書畫展觀錄

青灣茗讌圖誌序

山中氏茶會之後數日來謀曰圖誌可爲乎余告之曰子知物之有趣乎花之於香月之於光山之於色水之於文皆趣也人得其趣可以樂哉心可以娛哉目也而其於矣於文於色子可以圖之乎曰可然也然則於茶亦然矣餅

青花燈下香洼書

名畫琴彝鐘鼎金石草木之類
參互錯綜相助以為閑雅幽靜之
趣於是乎我心亦樂亦目可娛矣
唯茶而已耶使口覺苦乎猶若而
無青山而無色人安能其樂乎然
雲根也口不可之手而可撫在所當
之外無圖之誌之者特其跡耳
跡何為乎雖然畫亦不可無也凡物

與我聚散存亡而可沒焉法書名畫尊彝鍾鼎雖寓目於一時而能復記之於後日後思之於心耳夫其思也久而忘存之於圖誌雖忘可復繹也況乎書之於心而未寓目者能于圖誌何由知其詳說乎哉曰圖誌亦不可無也若夫數求真趣於此則如踐蹤而追人之去

也既盡矣子以爲如何山中氏唯々
去既而皆刻成徵序於余乃其所
嘗告以爲序
明治八年乙亥五月吕堂主人鼎識
於浪華西野街僑居

展觀書畫録

今釋行草書七律 絹本立幅 西京 山中氏藏

陳辞水墨溪山霜後圖 絖本 浪華 髙松氏藏

陳丹衷飛白竹圖 絹本立幅

鄭簠隸書五行 紙本立幅 彦根 早﨑氏藏

許友草書七絶　絖本立幅

茂根小林氏藏

葛定襄米法山水　絖本立幅

同　兒玉氏藏

陳价夫草書七絶二首　紙本半截裝幅

倪正摸草書五絶　絹本半截

呉山濤草書四行　紙本立幅

三顛草書五行　紙本立幅

豊后日田 千原氏藏

楊允升水墨山水 絖本立幅

李侍問草書七絶 絖本立幅

張一鴻水墨山水 絖本立幅

曹有光浅絳山水 絹本立幅

林則徐行書二行 帋本立幅

蔡簡三友圖 絹本立幅

葉葦畫墨菊 絖本立幅

歸元恭畫墨竹　金箋雙幅

西京北條氏藏

蔡道憲行書七絕　紙本立幅

趙之璧水墨山水　絹本立幅

余雪崖水墨山水　絖本立幅

李繼美水墨花果　絹本立幅

李復堂倪瓚山水　紙本立幅

今釋草書七絕　帋本立幅

張秋谷畫墨竹 紙本立幅

伊孚九水墨山水 紙本立幅

西京 伊東氏藏

王建章水墨小景山水 絹本小横幅

三影 加納氏藏

林濬水墨山水 絹本立幅

七道子蘆花浮鴨圖 帋本立幅

南紀 津田氏藏

張東海狂草四行　帋本立幅

朱白民畫墨竹　紙本半截

朱繼祚書立望詩五律　絖本立幅

越后新潟　藤井氏藏

王思任書閒居詩五律　絹本立幅

許掌衡水墨富貴長春圖　帋本立幅

浪華　長田氏藏

永覺大師行書三行　紙本立幅

楊樵谷水墨山水 帋本立幅

勢州 川本氏藏

呉歷水墨小景山水 帋本小立幅

王文治王蓮心書聯幅副

浪華 田中氏藏

陳石鶴水墨山水 紙本小幅

胡世昌古法書合臨 絹本立幅

呉士冠黄帝遊鼎水圖 絹本立幅

王翬釣舟載鶴圖 絖本立幅

顧和亭書王翬山水合裝 金箋横幅

西京 雨森氏藏

藍瑛喬岳蒼松圖 絹本立幅

曹學佺草書四行 絹本立幅

西京 淺井氏藏

岳端花中君子圖楊尔德贊 絖本立幅

勢州 河本氏藏

藍瑛水墨米法山水 絹本立幅
勢州瀨田氏藏
鄭簠隸書四行 絖本立幅
越前松井氏藏
王嶼江南春曉圖卷 絹本
讃州高松灘波氏藏
祁豸佳匡廬瀑布圖 絖本立幅
孫純王松竹書屋圖 紙本立幅

讃州高松 湊氏藏

盛紹先淺絳山水 絖本立幅

同 小河小凝藏

陳國球行草書三行 絖本立幅

查士標水墨山水 金箋大幅

盛舜臣水墨山水 絹本立幅

項聖謨畫老松圖 絖本立幅

毛際可水墨山水 絖本立幅

錢載畫墨牡丹 絹本立幅

陳㮚畫墨蘭竹 帋本立幅 同 中邨氏藏

南嵎外史草書三行 絹本立幅 同 小河枕石藏

何元英書五律 絖本立幅

楊晉松柏小禽圖 絖本立幅 浪華芳花園藏

楊脩白畫風竹　紙本立幅

邵梅臣畫墨蓮　紙本立幅

吳道榮水墨山水　絹本立幅

查士標枯木竹石圖　絹本立幅

花谿老人墨蓮　紙本立幅

長州　竹田氏藏

江稼圃水墨蘆蟹　紙本立幅

浪華　小原氏藏

楊晉水墨山水圖　絖本立幅

同　建部氏藏

查士標書七律　絖本立幅

同　平原氏藏

張秋谷畫蘭芝　帋本立幅

伊孚九淺絳山水　紙本横幅

江稼圃寒林遠帆圖　紙本立幅

同　寺西氏藏

谷子涼草書五絶　紙本立幅
浪華　小石氏藏

高增水墨山水　紙本立幅
同　内山氏藏

江稼圃芝僊祝壽圖　絹本立幅
播州　三枝氏藏

隱元禪師書七絶　絹本立幅
浪華　荻田氏藏

沉南蘋秋林雙駿圖　絹本立幅

費晴湖清溪幽居圖　絹本立幅

長碕青木氏藏

鷹阿山樵枯木圖　帋本立幅

伊孚九水墨山水　紙本小横幅

費晴湖柳灣山水圖　紙本立幅

備后尾道葛西氏藏

張瑞圖大字三行　紙本巨幅

浪花後藤氏藏

戴明說懸崖墨竹 絖本立幅

紀州和歌山關氏藏

黄道周書五律 絹本立幅

何吾騶行書七絶 帋本立幅

王孟端小景山水 紙本小幅

文震孟書雙幅 紙本立幅

沈樗崖淺絳山水 帋本立幅

江口田中氏藏

徐耐齋黃山全圖二帖

玉畹子墨蘭圖 紙本立幅

浪華忍頂寺氏藏

金壽門畫羅漢像小帖 貝多葉

伊孚九水墨山水六幅 紙本立幅

張秋谷水墨水僊花 紙本小幅

同佃氏藏

蔣靄水墨山水 金箋立幅

勢州神宮寺藏

吳文華草書二行 絹本立幅

同 松井氏季輸

陳于泰行草書四行 絖本立幅

浪花清水氏藏

李白也澹彩桃源山水 絖本立幅

黃士俊行書七律 絹本立幅

張瑞圖草書七律　絹本立幅
　東京　谷川氏藏

苦瓜大滌子水墨山水　紙本立幅
　西京　鳩居堂藏

孟河馬一龍草書七律　絹本立幅

萬道人雲中文珠像　絹本立幅
　同　萊山堂藏

趙珣芝僊祝壽圖　紙本立幅

黃樵谷行書五律　絖本立幅

鐘衡梅花斐鳩圖　絹本立幅　○係介輸

陸鴻淺絳山水　○紙本立幅　係永輸

西京　清雅堂藏

倪元璐草書三行　絹本立幅

冀應熊草書二行　絖本立幅

苦瓜和尚家鴨圖　帋本立幅

宋曹書七律　紙本立幅　、

儲曦莾懸崖風竹圖 絖本立幅

張振先行草書五律 絖本立幅

沈宗敬水墨山水 絖本立幅

八大山人墨蓮 絖本立幅

同 大橋氏藏

閔貞瓶花圖 紙本立幅

同 清森堂藏

明人無款蘆蓮圖四曲小屏風一隻

美濃田陽堂藏

費晴湖水墨僊山圖 紙本立幅

長碕小島氏藏

祁豸佳水墨山水 絖本立幅

祁豸佳行書七絶 絖本立幅

程沅枯木竹石圖 絖本立幅

高鳳翰枯木寒鴉圖 紙本立幅

清人書畫合寫種梅冊 紙本十五頁

右京　桂花堂藏

王建屛草書三行　絹本立幅

呉歴畫墨蟹　帋本立幅

陳丹衷水墨山水　紙本立幅

江稼圃浅絳山水　絹本立幅

播州　茶山堂藏

張若麒草書三行　紙本立幅

朱同畫墨蓮　紙本立幅

王昆仲淡彩山水 絹本立幅

勢州 松居氏藏

陳元輔淡彩山水 絹本立幅

鄭板橋煎茶具圖 帋本立幅

姚野喬着色羣果 紙本立幅

尾張名古屋 晚香堂藏

陳白沙草書三行 紙本立幅

防州三田尻 高橋氏藏

徐念典捆梅圖　帋本立幅

美濃大垣　菅氏藏

張秋谷水墨小景山水　帋本小幅

紀州和歌山　瀧野氏藏

伊孚九水墨山水雙幅　帋本立幅

伊孚九山水雙幅　帋本立幅

浪花　小島氏藏

鶴澗道人水墨山水　絹本小幅

徐天池游魚圖 紙本立幅

王邦采水墨山水 絹本立幅

浪巷松島氏藏

張瑞圖行草書十二連幅 絹本立幅

鄭騰雲書五絕 絹本立幅

徐虹亭秋林讀書圖 絹本立幅

蘿山人金碧樓閣圖 絹本立幅

朱軒谿山僻館圖 絹本大幅

長崎池島氏藏

黄慎畫菊海棠合裝　紙本小幅

王齡僊女圖　絖本立幅

浪華野馬亭藏

王鐸草書三行　絖本立幅

白邨畫馬抱秋書合裝　紙本立幅

同　嵜井氏藏

陳嘉言老松圖　紙本立幅

浪花　中埜氏藏

年如隣淡彩山水　紙本立幅

同　杉山氏藏

雲根帖　清諸家畫石

仝　以文堂藏

唐寅潑彩山水　絹本立幅

伊孚九溪橋曳杖圖　紙本橫幅

同　玩古堂藏

江稼圃水墨山水 帋本立幅

長崎 京井氏藏

伊孚九小景山水 紙本小幅

江稼圃雪景山水 絹本横幅

浪華 杉山氏藏

伊孚九松林山水 帋本立幅

江稼圃淡彩山水 絹本立幅

張秋谷書坡雲樓三大字扁額

西京 梨花堂藏

謝玉成草書七律 絖本立幅

張巖水墨山水 絹本立幅

黄昭素行書七律 絖本立幅

蔣羽靈草書三行 絹本立幅

江稼圃墨梅 紙本立幅

朱端木栅陰獨釣圖 帋本

會主 簝篁堂藏

宋曹草書七律　紙本立幅
黃尊古水墨羅浮山圖　絹本大幅
子治畫墨竹　絹本大幅
蒙泉外史水墨山水　紙本立幅
葛徵奇程正揆謝三賓三家山水帖　紙本
商梅水墨米法山水卷　絹本

展觀書畫錄

浪華山中氏大開書画展觀會
廣募諸家收藏古名蹟四方韞
玉者錦褾玉軸殆不下數百品我
讃好事家亦從來家船航海赴之
會風便失順玉則了了愆期矣於是
又卜一日再設雅筵諸彥復集同觀

欣賞甚感粗不減前日云抑亦飫之該口腹既飽大窂冷羹殘炙其可復下箸哉雖然龍醢麟脯嗜異味者或有取焉

高松隱士梅村山叔吉

追翫書畫録

陸卿草書五律 絹本立幅 高松谷口氏藏

粘本盛墨竹 紙本立幅 同 中野氏藏

張若麒草書五律 紙本立幅 同 灘波氏藏

同 竹井氏藏

十七

金嘉玉淺絳山水 絹本立幅

高松 向井氏藏

江稼圃松柏之茂圖 絹本立幅

同 向井舟皋藏

王建章畫
李如松書合裝 絹本小幅

同 壺井氏藏

謝時臣淺絳山水 絹本立幅

同 向井雲舟藏

王十岡草書大卷 繭紙 同 小河小凝藏

魏森水墨山水 絹本立幅

宋曹書七律 絖本立幅 同 石田氏藏

米萬鍾書焦山詩 絖本立幅

江稼圃淺絳山水鉅幅 紙本 同 長椿亭藏

六二

趙士麟書七律　絖本立幅

黃慎墨芍藥并題詞　紙本立幅

長碕打橋雲泉藏

江稼圃雪嶺界天圖　帋本立幅

豐後木本春在藏

戴明說竹石圖　絖本立幅

李復堂豆架蟲籠圖　紙本立幅

朱竹垞書七律　綃本立幅

嵩松　少安堂藏

張瑞圖行書五絶　帋本立幅

同　石田氏藏

瞿然恭書四言二行　絖本立幅

松窓醒友帖　明清名家書畫金扇集装

追玩書畫錄

跋

一鄉所收特書畫之之集因於上松花魁
我君也別以法讀之好藝陳子康之之堂
之帝中惶惶殊作壓雲煙滿滿之集
見伊與舊若見廣著之重重主人之意在
為乃考没之鑑華為西本于書畫隆
林老自他之絃之賞居豈大法要鄉是

按彭雲鴻〻以供茗地以歐畫〻以某〻區
孝王星先生所著子山園之書路上汎之印
也一堂中〻經不皆目見眼孫六之文畫〻寫
之興新以撰此稿先生之作一〻按以寫
紹豈高或四已言〻量紀著功德之
為門素和茶之真稿也

興坊高見賊